W0025774

Undine Werdin

Werkstattbuch Gips

Undine Werdin

Werkstattbuch Gips

Künstlerisches Modellieren und Gestalten Schritt für Schritt

Augustus Verlag Augsburg

Die Deutsche Bibliothek - CIP-Einheitsaufnahme

Werkstattbuch Gips: künstlerisches Modellieren und Gestalten Schritt für Schritt / Undine Werdin. (Fotogr.: Annette Hempfling). - Augsburg: Augustus-Verl., 1992
ISBN 3-8043-0202-5
NE: Werdin, Undine; Hempfling, Annette

Fotos: Annette Hempfling
Model: Anke Neuner, Dinkelsbühl
Lektorat: Manfred Braun und Klaus-Dieter Hartig
Umschlaggestaltung: Bine Cordes, Weyarn
Layout: Anton Walter, Gundelfingen

AUGUSTUS VERLAG AUGSBURG 1992

Gesamtherstellung: Neue Stalling, Oldenburg
Printed in Germany
ISBN 3-8043-0202-5

Vorwort

Der kreative Umgang mit dem Material Gips, sein vielfältiger Einsatz im Prozeß schöpferischen sowie handwerklichen Arbeitens wird in diesem Buch anhand ausgewählter Techniken aufgezeigt.

Dazu wird schrittweise Anleitung gegeben; angefangen bei der Material- und Werkzeugkunde, über einzelne Handgriffe und technisches Know-how bis zum gestalterischen und thematischen Konzept und der allgemeinen Verankerung in künstlerischen Kategorien.

Aus der unerschöpflichen Vielzahl der Möglichkeiten was das Arbeiten mit Gips anbelangt, wurde hier eine Auswahl getroffen, die ein möglichst breites Spektrum sowohl in handwerklich-technischer als auch thematischer Hinsicht abdeckt.

Die einzelnen Abschnitte behandeln, nach Schwierigkeitsgrad aufgebaut, technische und gestalterische Grundlagen bildhauerischen Arbeitens in bezug auf das Material Gips. Die speziellen Fachbereiche von Stuck und die komplizierte Abformtechnik mit Stückformen werden hier nicht dargestellt.

Alle geschilderten Techniken können dem Anfänger als Einstieg und Grundlage beim Erproben der gestalterischen Möglichkeiten mit Gips dienen. Für Fortgeschrittene sowie Fachleute aus anderen kreativen Bereichen bietet das Buch eine Erweiterung und Vertiefung ihrer Erfahrungen.

Insbesondere für Lehrer und Schüler sowie den Gruppenunterricht im allgemeinen wird hier eine Anleitung für das künstlerische und kunsthandwerkliche Arbeiten mit dem relativ unbekannten Material Gips gegeben.

Ich denke, daß es anhand dieses Buches gelingt den Leser zu motivieren, das hier erworbene Wissen auch in die Praxis umzusetzen. Dazu wünsche ich gutes Gelingen und viel Spaß!

Allen Lesern empfehle ich, nach dem Erproben der hier gegebenen Anregungen mit dem Erforschen von technischem und gestalterischem Neuland weiterzumachen. Haben Sie keine Scheu vor dem Umsetzen eigener Ideen und dem Ausprobieren neuer Möglichkeiten beim kreativen Arbeiten mit Gips.

Undine Werdin

Inhalt

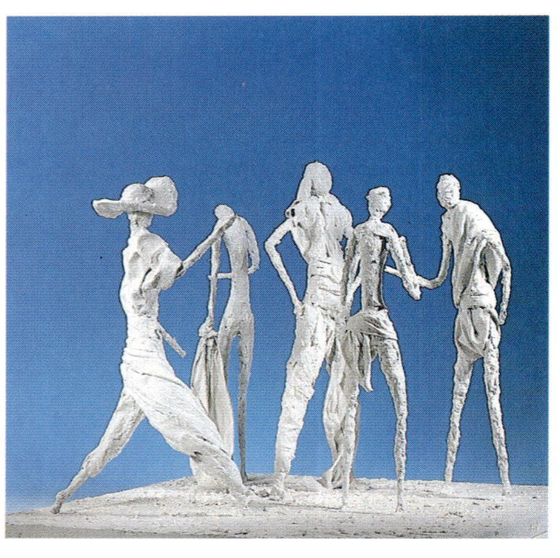

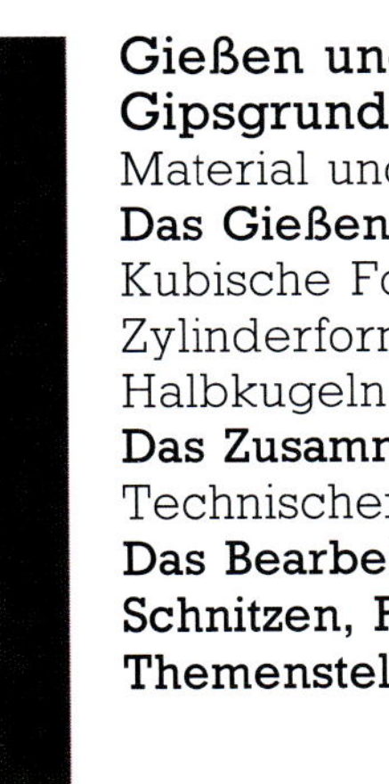

Material Gips

Gips ist ein in der Natur vorkommendes Mineral, ein wasserhaltiges Calciumsulfat, entstanden im Laufe der Erdgeschichte beim Verdunsten von Meeren. Gipsvorkommen befinden sich in verschiedenen Teilen Südwestdeutschlands, im Harz und Thüringer Raum.

Die Gipsschichten werden im Tagebau sowie Untertagebau abgebaut. Das abgetragene Gipsgestein wird zerkleinert, gebrannt und fein gemahlen. Durch die Höhe der Brenntemperatur werden verschiedene Gipsarten erzeugt: bei 80° C entsteht der Modell- oder Formgips (Alabastergips), bei 120 bis 180° C der Stuckgips, bei 300 bis 900° C der Putzgips und bei 1000° C der Estrichgips.

Die Zeit des Abbindens nach dem Anmachen unterteilt sich analog dazu von rasch (wenige Minuten) über mittel (15 bis 20 Minuten) bis langsam (mehrere Stunden). Beim Abbinden nimmt der Gips wieder Wasser auf, das ihm vorher durch das Brennen entzogen wurde. Die sich bildenden Gipskristalle verfilzen dabei miteinander und erhärten zu einer festen Masse.

Durch besondere Zusätze kann man die Eigenschaften des Gipses so beeinflussen, daß z. B. die Haftfähigkeit und Festigkeit gesteigert und die Verarbeitungszeiten verkürzt oder verlängert werden, was bei der Verarbeitung, vor allem in der Baubranche, von Bedeutung ist.

Außer dem Naturgips gibt es noch einen Chemiegips, der als Abfallprodukt bei speziellen chemischen Prozessen anfällt. Für kunsthandwerkliche und künstlerische Zwecke, wie auch als Zusatz für Feinputz am Bau, verwendet man den Modell- bzw. Alabastergips, der eine rein weiße Farbe besitzt, sehr fein gemahlen, und nach dem Erhärten von fester Konsistenz ist. Er läßt sich gut bearbeiten.

Den Stuckgips, der eine grau- oder gelblich-weiße Farbe hat und nicht so fein ist, verwendet man meist für Abformtechniken oder zur Herstellung von Gipsbaukörpern. Die Verarbeitungszeit zwischen dem Anmachen des Gipses und dem Beginn des Versteifens ist etwas länger als beim Modell- bzw. Alabastergips. Auch ist der Stuckgips etwas weicher und poröser und deshalb zum Bearbeiten mit Werkzeug weniger geeignet.

Der Putzgips, der durch die höhere Brenntemperatur bereits teilweise Kalk besitzt, wird ausschließlich am Bau und bei Stuckarbeiten verwendet, um verschiedene Arten von Putz und Mörtel herzustellen (Gipsputz, Gipssandputz, Gipskalkputz usw.)

Estrichgips wurde bis in die 60er Jahre für Estricharbeiten verwendet. Da es andere Zusammensetzungen gibt wird er nicht mehr produziert.

Für die in diesem Buch beschriebenen Arbeiten werden lediglich Modell- oder Alabastergips und Stuckgips benötigt. Es kann auch nur mit Modellgips gearbeitet werden, doch sind die Kosten um einiges höher als beim Stuckgips. Gips ist in Baustoffhandlungen, Baumärkten und Farbgeschäften erhältlich: Modellgips bereits in kleineren Mengen, in Tüten von 2 kg bis 5 kg, Alabaster- und Stuckgips in Säcken bis zu 40 kg.

Die Verwendungsarten von Gips

Verwendung in unterschiedlichsten Branchen

Am allgemein bekanntesten ist wohl die Verwendung von Gips in der Baubranche, vor allem im Innenausbau. Früher brachten die Stukkateure großartige Leistungen bei der Gestaltung von Decken und Wänden hervor.
Mit Gipsmodellen arbeiten Architekten, Stadtplaner, Konstrukteure, Künstler und Designer. Zu manchen Zeiten war es Tradition, daß ein Gipsabdruck die letzten Züge eines bedeutenden Verstorbenen festhielt. Spezielle Gipssorten sind heute in der Chirurgie und Zahntechnik, in Keramik-, Farb- und Schmuckindustrie unentbehrlich.

Koreanisches Mädchen (Höhe 24 cm)
Die Negativform wurde vom menschlichen Gesicht abgenommen. Diese Form wurde nach der Isolierung mit Gips ausgegossen. Nachträglich werden Augen und Nasenlöcher überarbeitet und die Frisur frei aufgetragen.
Die Oberfläche wird mit Schellack eingestrichen (2 bis 3 Aufträge); dann wird mit einem Lappen Dispersionsfarbe dünn aufgetragen und verrieben.

Rein technische Zwecke

Das Abformen eines Tonmodells erfordert das Herstellen von Gips-Negativformen, mit dem Ziel eines speziellen Gusses (Gipsguß, Tonguß, Wachsguß als Vorstufe für den Metallguß). Er wird in der Industrie verwendet, in Keramik-, Porzellan- und Stuckfabriken, zum Erzeugen von Massenware, die in genormten Gipsformen gegossen wird. Doch findet er auch Verwendung in Werkstätten von Künstlern und Designern sowie in dafür ausgerichteten Gießereibetrieben, die von Kleinplastiken bis zu Großplastiken (Brunnen, Statuen, Denkmäler) oder den Prototypen neuer Designentwürfe, alles in Gips abformen.

Möglichkeiten der Vervielfältigung

In Verbindung mit den in neuerer Zeit entwickelten elastischen Kautschukarten ermöglichen Gips-Negativformen die Herstellung von Repliken und Serienproduktion. Von Büsten berühmter Persönlichkeiten bis zum kitschigen Abklatsch klassischer Bildhauerwerke, wie sie einem in Italien und Griechenland zuhauf begegnen, spannt sich ein weiter Bogen.

Der Gipsguß in der Kunst

Die einfache und preisgünstige Beschaffung des Materials, die technisch meist unproblematische Umsetzung vom nicht haltbaren Tonmodell zum haltbaren Gipsmodell machte seit Jahrhunderten bis heute das Arbeiten mit Gips für den Künstler unumgänglich.

Das kleine Gipsmodell als Entwurf und Anhaltspunkt eignet sich bestens zum Übertragen in größere Dimensionen, sei es zum Modellieren großer Tonarbeiten oder als Vorlage für Holz- bzw. Steinskulpturen. Der Gipsguß dient dem Künstler außerdem als Zwischenstufe auf dem Weg vom Tonentwurf zum Metallguß (Bronze, Messing, Aluminium).

Der gegossene Gips besitzt eine viel härtere und feinere Konsistenz als der Ton, läßt sich sehr gut schnitzen und feilen und ist deshalb zum Erarbeiten glatter, exakter, gespannter Oberflächen bestens geeignet. Dies ist die Voraussetzung für den späteren Metallguß, wenn eine polierte, glänzende Oberfläche gewünscht wird.

Kreative Gestaltungsmöglichkeiten

In jüngster Zeit wird der Umgang mit Gips (vor allem unter Benutzung der in Apotheken erhältlichen Gipsbinden) einer breiteren Bevölkerungsschicht zugänglich. In Freizeit und Hobby, Schulen und Kursen widmet man sich gern der phantasievollen Gestaltung von Masken. Als bekanntes Vorbild dienen die reich verzierten venezianischen Gipsmasken.

Werke in Gips, damals und heute

Die Wirkung des Gipses mit seiner stumpfen Oberfläche, dem starren Weiß oder dem vergilbten Grau, die das Material leblos erscheinen lassen, kommt allerdings nicht an die Wirkung von Naturmaterialien wie Holz oder Stein heran. Deshalb hat Gips als Träger künstlerischen Ausdrucks bis heute keine wesentliche Rolle gespielt. Lediglich im Barock und Rokoko entstanden im Zusammenhang mit Stuckarbeiten auch bemalte Gipsfiguren, meist als Ersatz für teure Holz- bzw. Steinfiguren.

Die Künstler verwendeten Gips nur als Mittel zum Zweck. Es wurden in erster Linie Nachgüsse antiker Skulpturen gemacht, wie sie beim traditionellen Studium an jeder europäischen Kunstakademie üblich waren. Bis heute reihen sich in den Bildhauerateliers Gipsmodelle in jeglicher Form und Größe als Erinnerungsstücke bereits vollendeter Großplastiken oder als Entwürfe für kommende.
Erst die Künstler der Neuzeit erkennen vereinzelt im Material Gips und seiner Eigenart, gerade seiner ungeschönten, nackt und steril wirkenden Oberfläche wegen, eine neue, zeitgemäße Ausdrucksmöglichkeit. Als Beispiel dienen die Environment-Szenen aus dem Alltag von Georg Segal, die zu uns in einer seltsam stummen Beredsamkeit sprechen.

Material und Werkzeug

Zum Anrühren der Gipsmasse eignen sich (Rund-) Gefäße aller Art und Größe, wie Schüsseln, Eimer, Becher, Schalen, Deckel usw. Am vorteilhaftesten sind Behälter aus Plastik, da sie gut zu reinigen sind.

Am besten arbeitet man aber mit einem Gipsbecher aus schwarzem Weichgummi. Er ist preiswert, sehr handlich und von harten Gipsrückständen leicht zu säubern, weil der Becher zum Lösen des erhärteten Gipses nur zusammengedrückt werden muß. Notfalls kann man auch in Joghurtbechern kleine Mengen Gips anmachen.

- Zum Umrühren der Gipsmasse benötigt man Spachteln, Gummiteiglöffel oder Holzstäbe.
- Zum Bearbeiten des Gipses werden feine und grobe (Holz-) Feilen und Raspeln in verschiedenen Größen und Formen sowie Schleifpapier verschiedenster Körnung verwendet.

Hier ist eine Auswahl der wichtigsten Werkzeuge und Zubehör zu sehen:

ⓐ Verschiedene Feilen und Raspeln, die sich in Größe, Form und Arbeitsfläche (fein/grob) unterscheiden

ⓑ Meißel, Sticheisen und Klöppel (zum Bearbeiten von Gipsblöcken)

ⓒ Fuchsschwanzsäge (zum Sägen von Gipsblöcken)

ⓓ Gipsbecher aus Gummi (zum Anrühren kleiner Gipsmengen)

ⓔ Modellierhölzer und Schlingen (für Tonarbeiten)

ⓕ Nudelholz (zum Auswalzen von Tonplatten)

ⓖ Spachtel, Gummiteiglöffel (zum Gipsanrühren)

ⓗ Teigschaber zum Säubern der Schüsseln von noch weichem Gips

ⓘ Messer, runde und spitze; schmale und breite Spachtel (zum Schnitzen und Gipsauftragen)

ⓙ Borstenpinsel und Zahnbürste (für diverse Arbeiten, z. B. Auftrag der ersten, dünnen Gipsschicht; Säubern von Negativformen; Schellackauftrag; Bemalung usw.)

ⓚ Modellgips (Tüte mit 5 kg Inhalt), geeignet für alle Arten von hier beschriebenen Gipstechniken

- Zum Gipsschnitzen braucht man nicht unbedingt teure Schnitzmesser; meist tun es auch einfache Küchenmesser mit glatter Schnittfläche und Spitze.
- Zum Säubern der Gipsformen: Schwamm, Bürste, alte Zahnbürsten und Borstenpinsel.
- Zum Isolieren von Negativformen: flache Borstenpinsel, etwa 1 bis 2 cm breit.
- Zum Entfernen von „Verloren-Formen" oder Gestalten von Gipsblöcken: Stecheisen verschiedener Breite, Fäustel, Hammer und Meißel.

Ein Gefäß (Gummibecher) wird mit Wasser gefüllt. Die Menge des Wassers entspricht etwa zwei Dritteln der benötigten Gipsmenge. Das Gipspulver wird locker in den Becher gestreut.

Zubereiten der Gipsmasse

Die Zubereitung der Gipsmasse aus Wasser und Gipsmehl muß exakt und zügig vorangehen, da der Faktor Zeit wegen der Dauer des Abbindens eine Rolle spielt.

Zuerst wird das Gefäß bereitgestellt, in dem der Gips angemacht wird. Es wird zur Hälfte oder zwei Drittel mit kaltem Wasser gefüllt. Nie das Gefäß ganz füllen, da die Gipsmasse später mehr Volumen braucht und das Gefäß dann überlaufen würde.

Als allgemeine Regel ist zu beachten, daß der Gips stets in das Wasser eingestreut wird, nie umgekehrt! Das Einstreuen des Gipses erfolgt am besten mit der Hand, da man damit ein besseres Gefühl für das Einstreuen ohne Klumpen hat als mit dem Spachtel oder Löffel. Sie können auch einen Plastikhandschuh anziehen. Man nimmt eine Handvoll Gipsmehl und streut es locker aus dem Handgelenk über die ganze Wasserfläche. Bei kleinen Gefäßen (Bechern) nimmt man – nur mit den Fingern – entsprechend weniger Gips. Bei großen Wassermengen muß möglichst schnell eingestreut werden, da sonst der Gips bereits in den abgesunkenen Schichten abbindet, während noch eingestreut wird.

Man beobachtet, wie der Gips zuerst auf der Oberfläche kleine Inseln bildet, die dann absinken. Das Wasser schluckt den Gips. Es ist erstaunlich, welche Mengen geschluckt werden, bis sich auf der Oberfläche eine Art Kruste bildet, die nicht mehr absinkt. Erst dann rührt man mit einem Spachtel langsam um. Falls sich in der Kruste kleine Klümpchen gebildet haben, zerdrückt man sie am Gefäßrand. Beim Umrühren ist darauf zu achten, daß man keine Luft einrührt. Durch leichtes Rütteln des Gefäßes können die eingeschlossenen Luftbläschen an die Oberfläche aufsteigen, wo man sie ausdrücken kann.

Die Konsistenz der angemachten Gipsmasse ist zuerst dickflüssig wie Rahm. In diesem Zeitraum eignet er sich gut zum Gießen.

Sehr schnell, innerhalb von 5 bis 10 Minuten, wird der Gips fester. In diesem Zustand kann er gut angetragen werden, da er nicht mehr herabfließt. Doch muß man zügig arbeiten, denn der Gips zieht schnell weiter an, und bereits nach etwa 15 Minuten wird er so fest, daß er nicht mehr zu verarbeiten ist. Man sagt, der Gips beginnt abzubinden. Er darf nicht mehr gestört, z. B. mit einem Spachtel gerührt werden, da er sonst bröckelig wird. Dieser Vorgang, bei dem eine fühlbare Erwärmung auftritt, dauert etwa eine halbe Stunde. Danach kühlt der Gips wieder ab und ist fest.

Weder flüssiger Gipsbrei und schon gar nicht bröckelige Teile dürfen in den Abfluß geraten, da sie die Abflußrohre verstopfen. Deshalb den übriggebliebenen Gipsbrei erhärten lassen und dann mit den anderen harten Gipsresten in Papiersäcken über den Hausmüll entsorgen. Größere Mengen können wie Bauschutt direkt zu den öffentlichen Deponien gefahren werden.

Das Wasser nimmt so lange Gipsmehl auf, bis es gesättigt ist, d. h. bis der eingestreute Gips nicht mehr absackt, sondern an der Oberfläche eine Schicht bildet. Diese sieht dann so porös aus. Dann darf kein Gips mehr eingestreut werden.

Nach diesem Prozeß ist er bis zum weiteren Aushärten noch recht brüchig, was etwa 2 Tage (in warmer trockener Luft) oder länger dauert, bis er ganz ausgetrocknet ist. Dabei wird er heller und leichter.

Reinigen der Gefäße und Entsorgen von Gipsresten

Flüssiger Gips läßt sich gut mit Wasser abwaschen. Mit einer Bürste kann nachgeholfen werden, doch sollte man reichlich mit Wasser nachspülen.

Feste Gipsreste können mit einem Spachtel oder Schaber aus dem Gefäß gekratzt werden; bei weichen Gummi- oder Plastikschüsseln werden sie durch Drücken der Außenwände gelöst.

Der Gipsbrei wird mit dem Gummilöffel oder einem Spachtel umgerührt. Klumpige Teile werden dabei am Schüsselrand zerdrückt.

Gestaltungsmöglichkeiten mit Gips

Die vielfältigen Möglichkeiten im kreativen Umgang mit Gips sind nicht auszuschöpfen. Sicher wird es möglich sein, sich immer wieder etwas Neues in dieser Hinsicht einfallen zu lassen, gerade in Kombination mit anderen Materialien.

Dieses Buch befaßt sich mit den attraktivsten Gestaltungsmöglichkeiten und relativ einfachen Techniken. Inhaltlich werden vier Hauptbereiche plastischen Arbeitens behandelt, die sich stark voneinander unterscheiden:
- Verschiedene Herstellungsarten eines Reliefs
- Aufbau von Vollplastiken
- Beschäftigung mit dem menschlichen Gesicht bzw. Kopf und
- Techniken mit Gipsblöcken.

Die Reihenfolge der einzelnen Kapitel ist nach technischem Schwierigkeitsgrad aufgebaut: Begonnen wird mit der Erarbeitung von Reliefs in verschiedenen Varianten. Mit relativ wenig Aufwand kann man dabei zu effektvollen Ergebnissen kommen. Deshalb ist dieser Abschnitt als Einstieg für Anfänger zu empfehlen.

In den weiteren Kapiteln wird zur Vollplastik übergegangen, wo der Raum mit seinen Dimensionen eine Rolle spielt. Vielerlei Ansichtspunkte müssen beim Gestalten einer Figuration bedacht werden.

Etwas schwieriger wird es dann bei der Erarbeitung eines Gesichts- bzw. Kopfporträts. Etwas Geschick und gute Beobachtung sind beim Naturstudium von Vorteil; doch auch Phantasie und Mut beim Verfremden.

Zum Schluß wird die handwerkliche ganz und gar andere Technik des Schnitzens und Meißelns behandelt, die in die Nähe der Stein- und Holzbildhauerei führt. Dabei wird nicht mehr aufbauend gearbeitet, z. B. wie beim Modellieren, sondern Material weggenommen durch Schnitzen und Meißeln.

Das Relief

Relief wird vom italienischen »rilievo« hergeleitet; es bedeutet wörtlich »erhabene Arbeit«. Es ist zwar eine plastische Gestaltung, die im Unterschied zur Vollplastik aber aus einer Fläche herausgearbeitet ist und mit ihr verbunden bleibt. Dabei unterscheidet man drei Arten:

Das *Flachrelief* (französisch: Basrelief), bei dem die Erhebungen und Vertiefungen sich wenig von der Grundfläche entfernen. Die zweidimensionalen Elemente des Zeichnens haben hier noch starke Bedeutung.

Vom *Halb-* zum *Hochrelief* (französisch: Hautrelief) steigert sich die Plastizität. Die Erhebungen treten immer stärker hervor. Die Vertiefungen ergeben dunklere Schatten. Beim Hochrelief kann es sogar sogar zu Unterschneidungen kommen, wenn die Plastizität bis zum Äußersten gesteigert wird und der nächste Schritt bereits das sich Ablösen von der Fläche wäre und somit eine Vollplastik entstünde.

Beim Relief, ganz gleich welcher Art, spielt sich die Komposition auf einer begrenzten Fläche ab, die auch mit in die Gestaltung eingebunden werden muß (Umrißform, Hinter- bzw. Zwischengrund beachten).

Wenn in diesem Abschnitt vom *Negativrelief* gesprochen wird, so ist damit nicht das Endprodukt gemeint, sondern eine aus Ton modellierte Negativform im Reliefstil. Mit ihr soll anschließend ein *Positivrelief* aus Gips hergestellt werden. Da beim Modellieren gleichzeitig die Abgußform entsteht, erspart man sich einige Arbeitsschritte, die man normalerweise zur Herstellung eines Gipsreliefs benötigt. Die plastische Vorstellung ist bei diesem Arbeiten anfänglich ungewohnt, weil alles gegenteilig dargestellt wird. Dabei gilt:

Alle Gegenstände, die sich nach vorn oder außen wölben, müssen in die Tiefe modelliert werden. Soll z. B. ein Apfel dargestellt werden, so wird er nicht nach außen gewölbt, sondern die Rundung wird als Vertiefung in die weiche Tonplatte eingedrückt.

Umgekehrt müssen dann alle Formen, die nach innen gewölbt sind, z. B. eine Schale, auf der Tonplatte aufmodelliert werden. Hintergrundgestaltungen werden ebenfalls durch Wegnehmen oder Hinzufügen von Tonmasse dargestellt. So kann z. B. ein Fensterrahmen durch Einritzen entstehen oder auch durch Aufbauen mit Tonplatten (in unserem Beispiel quasi die Fensterscheiben und die umgebende Wand), so daß die Rahmen als Vertiefungen erscheinen.

Das Ganze hört sich schwieriger an, als es ist. Es ist auch nicht das Ziel perfekte, naturalistische Darstellungen entstehen zu lassen. Dafür ist diese Technik nicht gedacht. Sie eignet sich vor allem für stilisierte oder ungegenständliche Arbeiten. Im Abschnitt über mögliche Themen-

Strukturenrelief (Gips-Negativtechnik, 22 x 22 cm)

Es wird in einer Tonplatte modelliert: strukturierte Gegenstände wurden eingedrückt (Hanfseil, Tennisball, Holzraspel, verschieden geformte Modellierhölzer, Holzklötzchen).

Die Oberfläche wird mit Bauernmalfarbe (blau) bemalt; die erhöhten Stellen mit Silberfarbe besprüht.

stellungen wird weiter darauf eingegangen.

Doch schlage ich fürs erste vor, den Kopf nicht allzusehr mit dem Umdenken von positiv/negativ zu belasten. Viel reizvoller ist ein spontanes Erproben, das die Spannung bis zum fertigen, überraschenden Ergebnis erhält. Gute Effekte erreicht man mit dieser Technik auch durch das Einbeziehen aller möglichen Strukturen. Es ist interessant zu sehen, wie die verschiedenen strukturierten Formen, die in den Ton gedrückt werden, dann in Gips gegossen wirken.

Material und Werkzeug

- Ton (fein- oder mittelschamottiert, beliebige Farbe)
- Walzholz (oder Küchenteigwalze)
- Spachtel, Messer, Brett als Unterlage, Modellierhölzer, Modellierschlingen, Holzlatte oder Lineal
- Zum Herstellen von Strukturen: Netze, Kordel, Rupfen (Sackleinen), Muscheln, Rund- oder Kanthölzer, Metallgitter usw.
- Schüssel, Borstenpinsel oder alte Zahnbürste

Technischer Vorgang

Bei dieser speziellen Technik werden die Formen des Mittel- und Hochreliefs dargestellt, da sich diese besonders gut aus Ton modellieren lassen.

Das Negativrelief aus Ton

Man beginnt mit dem Auswalzen einer Tonplatte auf 2 bis 3 cm Stärke auf dem Holzbrett, das als Unterlage dient. Der Ton muß vorher nicht „geschlagen", d. h. geklopft werden und auch beim weiteren Verlauf kann man trotz der möglicherweise eingeschlossenen Luftblasen weiterarbeiten. (Mein Tip: Nehmen Sie gleich einen großen Batzen Ton, der für die ganze Tonplatte ausreicht, damit Sie nicht anstückeln müssen!). Vor dem Auswalzen wird der Ton zu einer Kugel geformt, mit der Handfläche platt geklopft und mit dem Walzholz anschließend ausgewalzt. Die gewünschte Umrißform wird mit einem Messer ausgeschnitten.

Dann beginnt der kreative Prozeß: die Oberfläche wird mit Hilfe der Finger, Modellierhölzer und Schlingen bearbeitet, d. h. der Ton wird herausgekratzt oder geritzt, oder es werden Tonwülste oder Tonflächen aufgesetzt. Wie bei einer Zeichnung kann man zuerst mit einem spitzen Holz die Einteilung und die Umrisse skizzieren. Gesetze der Komposition können die Gestaltung vom bloßen Probierstück zur künstlerischen Arbeit erheben (weitere Erläuterungen siehe Seite 21 „Themenstellung"). Doch für den Anfänger, der sich das erste Mal mit dieser Technik beschäftigt, ist es ratsamer, zuerst bei einigen Probestücken Erfahrung zu sammeln, die er dann später gezielt einsetzen kann.

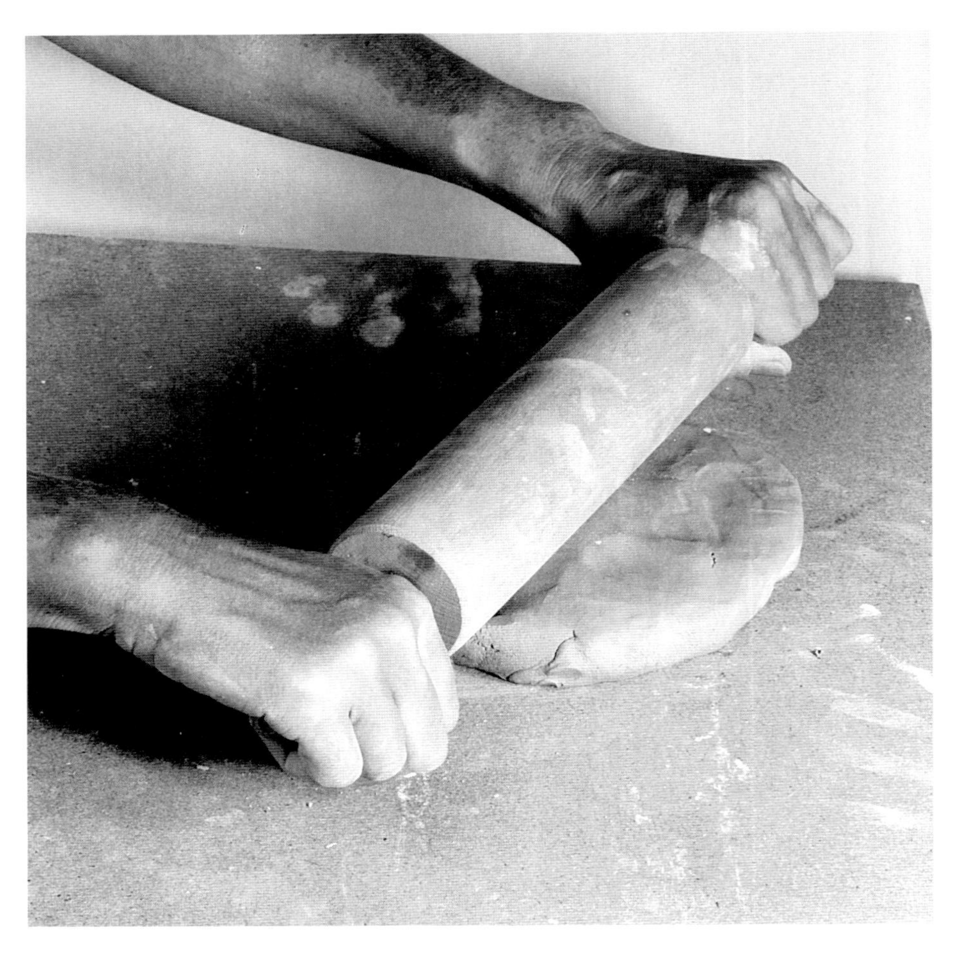

Eine Tonkugel wird mit dem Nudelholz zu einer 1 bis 2 cm starken Platte ausgewalzt.

An dieser Stelle kann auch das weite Feld der Möglichkeiten durch Eindrücken von strukturierten Gegenständen in den weichen Ton erwähnt werden.

Bei einem Gang durch die Küche, Speicher oder Abstellräume oder beim Spazieren durch den Garten oder Landschaft kann man vielerlei kleine Dinge finden, die sich bezüglich Form oder Struktur gut zum Andrücken eignen.

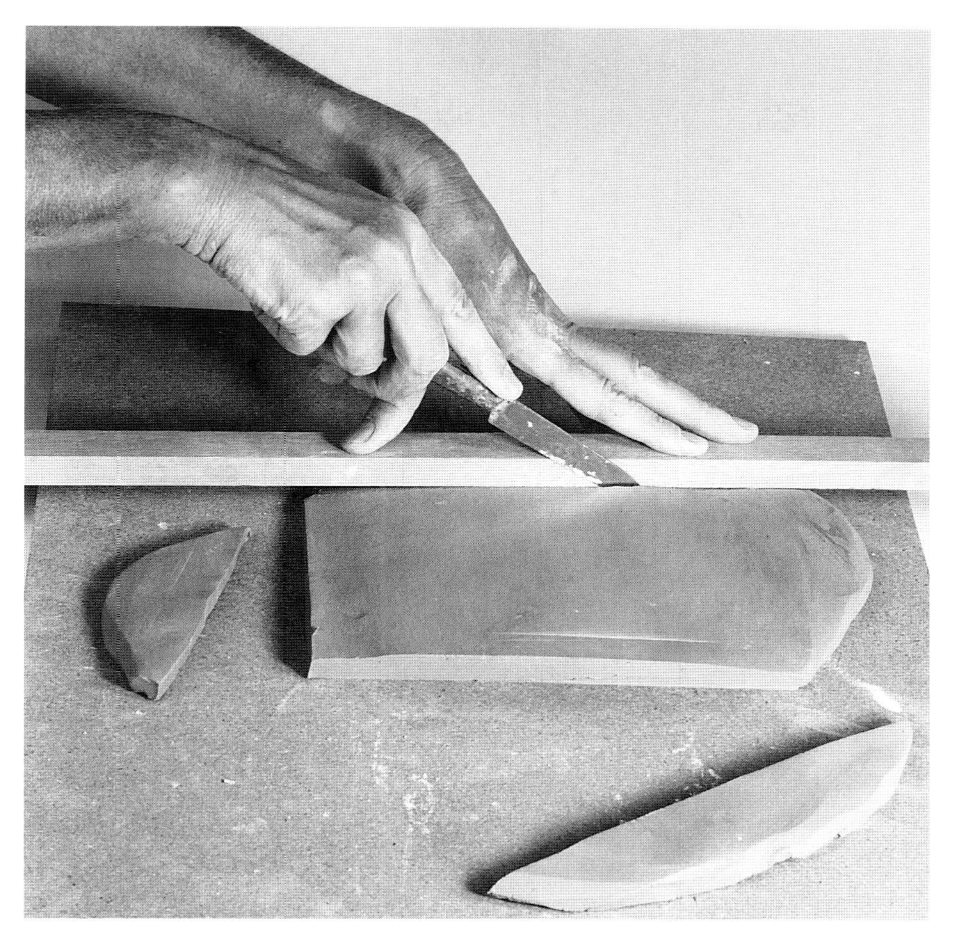

Die Umrißform wird mit einem Messer ausgeschnitten. Hier entsteht ein Rechteck mit geraden Seiten, wozu eine Holzlatte, an der man mit dem Messer entlangfährt, gute Dienste erweist.

Stilleben mit Obst, Flasche, Glas und Fenster (Modelliertes Negativrelief) Alles, was sich normalerweise nach außen wölbt, wie hier z. B. die Äpfel oder die Flasche, wird nach innen modelliert, also in die Tonplatte hineingedrückt. Alle Flächen, die als Hintergrund zurücktreten sollen, wurden hier als vordere Fläche stehengelassen. Noch weiter zurückliegende Flächen (hier Fenster) werden als Wulst oder Tonplatte aufgesetzt.

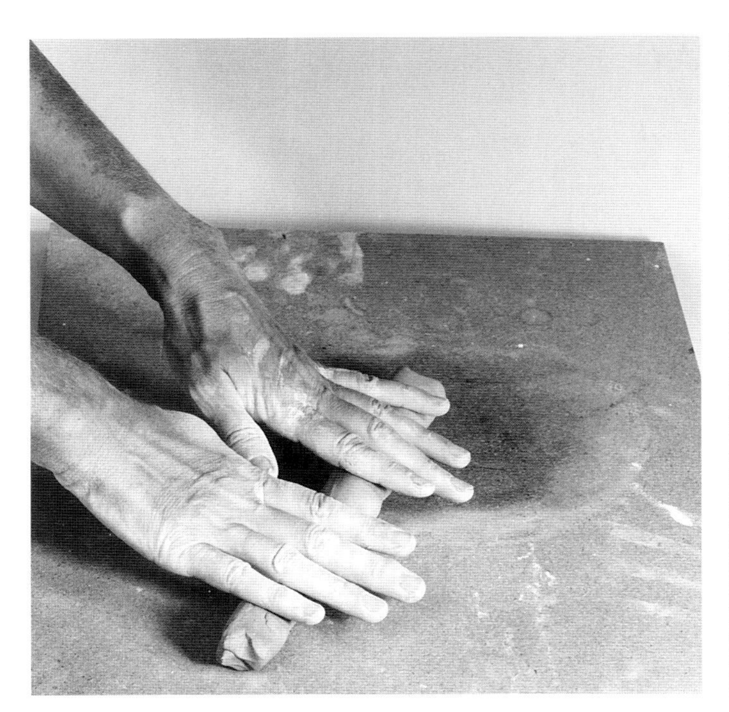

Eine etwa 3 bis 4 cm dicke Tonrolle wird mit den Händen ausgerollt.

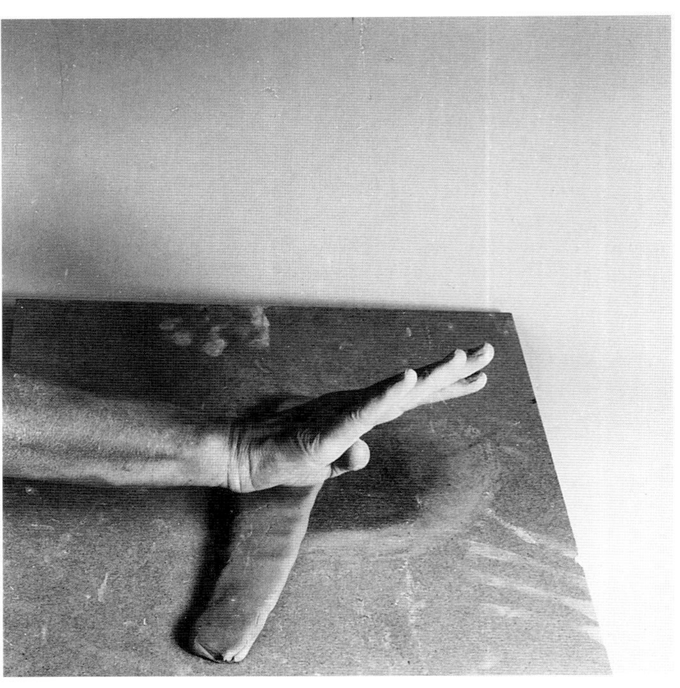

Mit dem Handballen kann man die Tonrolle gut flachklopfen zu einem 1 bis 2 cm starken und etwa 5 bis 6 cm breiten, langen Streifen.

Das Positivrelief in Gips

Ist das Tonrelief fertig gestaltet, wird es mit einer sog. Tonmauer, die vorher ausgewalzt und mit einer Holzleiste oder einem Lineal gerade geschnitten wurde, umgeben, d. h., um das Relief herum wird eine Mauer an seinen Seitenrändern und auf dem Holzbrett angedrückt. Die Höhe der Tonmauer ergibt sich aus der Höhe des Reliefs, von der Brettoberfläche aus bis zur höchsten Stelle, zuzüglich 2 bis 3 cm. Bei kleinen Reliefs reichen 2 cm Zugabe. Dann wird der Gips für den Guß angemacht. Nach dem Abschätzen der benötigten Menge werden das Gefäß und die entsprechende Wassermenge gewählt (siehe Abschnitt „Zubereiten der Gipsmasse" siehe Seite 12). Die fertige Gipsmasse wird sogleich mit einem Becher oder einer kleinen Schüssel in das eingerahmte Relief gegossen. Durch leichtes Rütteln können eingeschlossene Luftblasen nach oben steigen.

Bei größeren Reliefs kann man als Armierung Holz- oder dicke Drahtstangen (bzw. Eisenstäbe) in grober Gitterform oder diagonal in die Masse drücken, wenn der Gips etwas fester geworden ist (nach etwa 10 Minuten).

Soll das Relief ohne Rahmen aufgehängt werden, können mit einem Messer oder einer Modellierschlinge aus dem noch weichen Gips Löcher mit etwa 0,5 bis 1 cm Durchmesser in den oberen Ecken herausgenommen werden. Schöner sieht es aus, wenn die Bohrungen nicht durchgehen und von der Vorderseite nicht sichtbar sind. Auf Nägeln mit dicken Köpfen hält das allemal.

Nach etwa 20 bis 30 Minuten kommt der spannende Augenblick des Aufmachens. Man dreht das ganze Gebilde vorsichtig um, so daß die Gipsfläche auf dem Tisch liegt und uns die Rückseite des Tonreliefs anschaut. Der Ton wird nun behutsam entfernt. Mit den Fingern lassen sich größere Stücke lösen und mit Modellierhölzern und Schlingen die feineren Teile freilegen. Kleinere Tonreste werden im Waschbecken mit Wasser und Schwamm entfernt. Gute Dienste leisten dabei Borstenpinsel oder eine Zahnbürste, weil man damit gut in feine Rillen und Strukturen kommt.

Nach ausreichender Durchtrocknung können Flächen mit Schleifpapier glatt geschliffen werden. Patinierung oder Färbung der Oberfläche sind beim Relief zu empfehlen (siehe dazu den Abschnitt „Gestaltung der Oberfläche").

Das Relief wird mit dieser Tonmauer eingerahmt. Sie wird außen an die Reliefwände und auf dem Brett angedrückt. Man kann die Mauer mit Überlappungen aneinandersetzen, falls ein Stück nicht ausreicht. Die Oberkante der Mauer muß etwa 2 cm über der höchsten Stelle des Reliefs liegen, damit die Gipsplatte nicht zu dünn und zerbrechlich wird.

Der flüssige Gipsbrei wird von der Seite in den entstandenen Kasten vorsichtig und langsam gegossen. Auf diese Weise entstehen weniger Luftblasen.

Das Tonrelief und der Tonrahmen werden auf der Rückseite entfernt, nachdem der Gipsguß erhärtet ist.

Mit einem dünnen Spachtel wird der restliche Ton aus Ritzen und feinen Strukturen herausgeholt. Mit einer kleinen Bürste (Zahnbürste) und Wasser kann noch nachgeholfen werden.

Abstrakte Komposition (Flachrelief, 20 x 24 cm)

Bei diesem Relief wurden die in eine Tonplatte negativ gearbeiteten Formen und Strukturen mit Gips ausgegossen.
Verdünnte Dispersionsfarbe wird auf die Oberfläche gebracht und anschließend mit Goldpaste patiniert. Dadurch kommen die Strukturen besonders gut zur Geltung.

Blumenstilleben (Mittelrelief)
Die Blütenformen werden in eine Tonplatte als Negativformen gedrückt und geritzt.
Mit einem Tonstreifen wird das Relief dann umgeben, so daß der eingefüllte Gips nicht auslaufen kann.
Nach kurzer Wartezeit wird das ganze Gebilde umgedreht und die Tonschicht samt Umrandung abgenommen.
Mit Bürste und Wasser wird das Gipsbild gereinigt und dann mit Pastellfarben bemalt.

Fingerwald (Höhe 8 cm)
Mit der Technik des Negativreliefs werden verschiedene Finger einer Hand abgeformt. Die Finger werden einzeln in eine dicke, weiche Tonschicht gedrückt und vorsichtig wieder herausgezogen, damit der Abdruck nicht verändert wird. In die Vertiefungen und die Zwischenräume wird Gips gegossen. Die Fingernägel werden mit einem Messer und Schleifpapier überarbeitet. Eine poppige Bemalung ist hier recht passend.

Themenstellung

Wenn die Stufe des reinen Experimentierens beim Spiel mit Positiv- und Negativformen und dem Eindrücken verschieden strukturierter Gegenstände überschritten ist, können auch spezielle Themen zur Gestaltung aufgegriffen werden.

Aufbauend auf die gemachten Erfahrungen könnte man zu verschiedenen Kompositionsthemen übergehen wie

- Komposition mit Rundformen (Überschneidungen),
- Komposition mit Gegensätzen,
- Komposition mit Rastern und Netzen und
- Komposition mit senkrechten und waagrechten Formen.

Bei diesen sehr eingegrenzten Themen entsteht eine gewisse Ordnung und Reduktion in der Komposition, wodurch die Gesamtwirkung verstärkt wird.

Wenige Elemente wirksam einzusetzen bringt mehr als allzuviel heineinzupacken. Es entsteht eine größere innere Spannung, wenn alle Formen aufeinander abgestimmt werden.

Hier noch einige genauer beschriebene Themen zur Auswahl:
- Stilleben mit verschiedenen Obstsorten oder verschiedenen Gefäßen, wie Gläser, Flaschen, Krüge, Schalen usw.
- Überschneidungen von geometrischen Formen: Die sich überschneidenden Flächen können in verschiedenen Höhen und Tiefen gearbeitet werden und auch unterschiedlich strukturiert werden.

– Das Händerelief ist ein sehr haptisches, d. h. den Tastsinn betreffendes und ausdrucksstarkes Thema, das zum Urerlebnis des Formens schlechthin werden kann. In eine etwa 10 cm dicke, weiche Tonschicht greift man mit der ganzen Hand (oder beiden Händen) oder nur mit den Fingern voll hinein, so daß sich tiefe Abformungen ergeben. Das Ganze wird dann mit Gips ausgegossen. Bei mehrfachem Hineingreifen kann ein ganzes Händerelief entstehen.

Variante: Die Sand-Negativform und das sandbeschichtete Relief

Bei der Sand-Negativform wird mit einem neuen, in der plastischen Gestaltung noch relativ unbekannten Material gearbeitet, nämlich dem Sand.

Ähnlich wie man in eine Tonplatte Formen und Strukturen ritzen kann, ist es auch in einer feuchten Sandfläche möglich. Dies zeigen ganz alltägliche Beispiele: schon die Kinder bauen im Sandkasten mit feuchtem Sand Burgen, Gräben und Mauern oder Erwachsene betrachten beim Strandspaziergang oft fasziniert ihre Fußabdrücke im nassen Sand.

Die gute Formbarkeit des Sandes macht ihn auch zur idealen Gußform für Metallobjekte in Industrie und Handwerk. Man spricht dabei vom Sand-Gußverfahren und benutzt dafür spezielle Formsande, die zum Modellieren in unserem Fall aber weniger geeignet sind.

Bei der hier beschriebenen kreativen Gestaltung kommt es technisch gesehen zu einer innigen Verbindung von Sand und Gips, wenn der flüssige Gips in die Sandform gegossen wird. Nach dem Erhärten des Gipses haftet der Sand fest an der Gipsoberfläche und ist nicht mehr abwaschbar. Es ist eine sandsteinähnliche Oberfläche entstanden. Durch die verschiedenen Sandsorten und -farben sowie die Möglichkeit, Sande zu mischen oder zu färben, ergeben sich vielseitige Varianten für Gipsgüsse. Die rauhe, poröse Oberfläche läßt keinen sterilen Gips vermuten, sondern wirkt durch ihre Ähnlichkeit mit Sandstein lebendiger.

Material und Werkzeug

Für die beschriebene Technik eignen sich fast alle Sande, mit Ausnahme des reinen Quarzsandes, der sich schlecht formen läßt. In allen Baustoffhandlungen ist der rötliche Maurersand und meistens auch der Flußsand von weißlicher bis gelber Farbe zu bekommen.

Wer am Meer wohnt oder sich Meer- oder Wüstensande von seinen Urlaubsreisen mitbringt, kann auch diese gut verwenden und schafft sich gleichzeitig ein tolles Erinnerungsstück.

Es gibt vom Mehlsand bis zum Grobsand verschiedene Korngrößen, von 0,02 bis 2,0 mm im Durchmesser. Für die Relieftechnik eignen sich eher Mittelsande mit einer Korngröße von 0,2 bis 0,6 mm Durchmesser.

Als Behälter für den Sand können Pappschachteln, größere Plastikschüsseln oder viereckige Plastikbehälter dienen. Ein Sandkasten im Garten ermöglicht sogar größere Objekte. Man kann sich auch einen Rahmen aus Holzlatten bauen, in den man eine Plastikfolie legt.

Für den Guß benötigt man Alabaster- oder Modellgips, eine Schüssel und einen Spachtel.

Technischer Vorgang

Von der Tiefe des gewünschten, zu modellierenden Reliefs hängt die Dicke der Sandschicht ab, d. h. sie muß noch etwas tiefer sein, damit man nicht auf den Gefäßboden stößt. Danach richtet sich auch die Höhe des Gefäßes. Beim Flachrelief genügt u. U. bereits eine Fotoschale, beim Mittel- und Hochrelief sind höhere Gefäßwände erforderlich. Der Sand wird mit Wasser angefeuchtet, durchgemischt und in den bereitgestellten Behälter gefüllt.

Die Oberfläche wird dann glattgeklopft. Der Sand darf nicht naß sein, sondern nur so feucht, daß die Masse in jeder Modellierung hält und weder absackt noch abrieselt.

Beim Formen der Sandschicht durch Eindrücken oder Einritzen bilden sich feine Grate, die man in die Gestaltung aufnehmen kann. Sie lassen die Konturen weich und unscharf werden.

Überarbeitet man die Sandgrate, bilden sich schärfere Kanten.

Während der Arbeit darf die obere Sandschicht nicht zu sehr austrocknen. Ist dies der Fall, so kann man mit einem Sprühgerät wie es zum Befeuchten von Pflanzen verwendet wird ein leichter Wassernebel aufgesprüht werden. Falls die Arbeit für einige Stunden oder länger unterbrochen wird, muß der Sand unbedingt mit einer Folie möglichst luftdicht abgedeckt werden, damit er nicht austrocknet.

Vor dem Beginn des Gestaltens kann die Umrißform des Reliefs in der geplanten Größe eingedrückt werden. Dies geschieht mit einem viereckigen Kasten oder einer runden Schüssel. Man kann auch ein Holzbrett nehmen.

Das Gestalten der Reliefform erfolgt durch Einritzen oder Modellieren von Vertiefungen oder Eindrücken bestimmter fester Objekte aus Haushalt und Natur.

Baumrelief (Sand-Negativtechnik, 20 x 24 cm)
In eine Fläche aus rotem Maurersand wird das Motiv modelliert bzw. geritzt. Die gesamte Fläche wurde mit Gips übergossen. Nach dem Trocknen wurde der Sand an einigen Stellen wieder abgerieben, an den meisten Stellen jedoch belassen.

Vorbereitung für ein Sandrelief. In eine kleine Fotoschale wird heller Flußsand (grob- und feinkörnig) gefüllt. Er wird mit Wasser angefeuchtet und mit einem Holzklötzchen zu einer glatten Fläche festgeklopft.

In die Sandfläche werden kleine Muscheln, Seesterne und Steinchen gedrückt und zwar so, daß sich die Rückseiten oben befinden. Mit einem Holzstäbchen werden Punkte und Linien in die Sandflächen gezeichnet.

Man kann auch mit Spielwaren oder Händen oder Füßen arbeiten. In die fertiggestellte Negativform können an bestimmten Stellen z. B. größere Kieskörner oder Steinchen, auch Muscheln, Knöpfe usw. gelegt werden, die in die Gipsoberfläche eingegossen werden. Auch andersfarbige Sande können als dünne Schicht eingestreut werden.

Die angemachte Gipsmasse wird sogleich in dünnflüssigem Zustand vorsichtig mit einem kleinen Becher über die Negativform gegossen. Dabei sollte man den Gipsbrei aus möglichst geringer Höhe einfüllen. Denn je größer der Abstand ist, mit um so größerem Schwung landet der Gipsbrei auf der Oberfläche. Das empfindliche Sandbild könnte dabei zerstört werden.

Der Gips wird nicht nur in die modellierten Vertiefungen, sondern über die gesamte Grundfläche bis zu den eingedrückten Außenkanten oder dem Schüsselrand bis zu einer Stärke von 1 bis 2 cm gegossen.

Achtung: Nach dem Eingießen nicht rütteln wie beim Tonrelief, bei dem die Luftblasen nach oben steigen sollten. Dadurch würde man die Form zerstören. Luftblasen stören hier nicht, weil sie von der besandeten Oberfläche verdeckt sind.

Die Wartezeit, bis man das Relief aus dem Sand herausnehmen kann, beträgt etwa einen Tag. Da Gips dem feuchten Sand Wasser entzieht, dauert das Trocknen vergleichsweise länger als bei den anderen Techniken. Wenn man das Gipsrelief vorzeitig vom Sand befreit, bleiben die Sandkörner meist nicht auf der Oberfläche haften. Erst am folgenden Tag kann man ohne Schaden seinen Guß aus dem Sand nehmen. Loser nicht in das Relief gebundener Sand wird mit einem Borstenpinsel und die letzten Reste mit einer kleinen Bürste (z. B. Zahnbürste) im Wasserbad entfernt. Die eingegossene Sandschicht bleibt auf der Oberfläche haften. Soll aus gestalterischen Gründen an gewissen Stellen, z. B. Wölbungen, die eingegossene Sandschicht entfernt werden, erreicht man dies mit grobem Schleifpapier oder einer Feile.

Themenstellung

Die sandige Außenhaut eines Gipsreliefs erzeugt beim Betrachter eine besondere Wirkung. Die erdigen Farbtöne, das Durchschimmern des Gipses sowie die rauhe Struktur lassen einen an Alter, Vergangenheit und Ausgrabungen denken. Im Gegensatz zu glatten Oberflächen mit heller und kräftiger Farbgebung, die sachlich und klar eine formale

Vorsichtig wird an einer Seite die flüssige Gipsmasse eingegossen. Dabei ist darauf zu achten, daß die Schicht mindestens 2 bis 3 cm beträgt, damit die Reliefplatte nicht zu zerbrechlich wird.

Mit einem Borstenpinsel wird der lose Sand vom fertig gegossenen und getrockneten Relief entfernt. Man sieht die eingelegten Muscheln, die fest auf der Oberfläche haften.

Die letzten Sandspuren werden in einer Schüssel mit Wasser und einer kleinen Bürste (Zahnbürste) entfernt. Nur eine dünne Sandschicht, wie auch die eingelegten Objekte (vom Strand) haften fest auf der Oberfläche.

Aussage machen, haben die Sandoberflächen immer etwas leicht Irreales, Geheimnisvolles, das hinter der Fassade des rein Materiellen liegt. Diese Wirkung sollte einem bei der Anwendung dieser Technik bewußt sein und mit eingeplant werden.

Ansonsten sind alle Themen möglich, die ohne Schwierigkeiten als Negativ zu formen sind, also lieber stilisierte, einfachere Formen als eine naturalistische und diffizile Gestaltung wählen.

Bison (Mit Sand beschichtetes Flachrelief, 16 x 21 cm)
Es wurde in der Technik der Sand-Negativform mit hellem, mittelkörnigem Flußsand erarbeitet.
Zur Hervorhebung des Tierkörpers wurde der Hintergrund mit wasserlöslicher Farbe in dunkleren Brauntönen angemalt.

Tiere, wie Stiere, Pferde, Elefanten, Eulen, Krebse, Käfer usw. lassen sich gut einzeln oder in Gruppen darstellen. Für Kratz- oder Eindruckbilder eignen sich Themen aus der Pflanzenwelt wie Bäume, Gräser, Blumen usw. Dabei können die Objekte entweder eingekratzt oder Fundstücke wie Äste, Stengel, dickere Kräuter direkt eingedrückt werden. Auch Strandbilder mit Fundsachen wie Muscheln, Netze und Steine sind ein dankbares Thema.

Erdmaske (Mit Sand beschichtetes Mittelrelief, 18 x 21 cm)
Es entstand im Negativ-Modellierverfahren. Als Modellierfläche diente eine mit hellem, mittelkörnigem Flußsand gefüllte Photoschale.

Variante: Abformen und Ausgießen einer Gips-Negativform von einem Tonrelief

In den letzten beiden Abschnitten wurde erklärt, wie man eine Negativform aus Ton und Sand herstellt, um sie mit Gips auszugießen. Dabei wurde bereits darauf hingewiesen, daß dafür verschiedene Arbeitsphasen übersprungen werden können, nämlich das sonst übliche Herstellen einer Negativform von einem Positivmodell und dessen Weiterführung bis zum fertigen Gipsmodell. Diese klassische Abformungstechnik wird jetzt schrittweise beschrieben und zwar in der einfachsten Methode, die speziell das Relief ermöglicht.

Die Gestaltung in Ton erfordert hier kein Umdenken (siehe Abschnitt „Das Negativrelief in Ton" Seite 16). Man kann ganz spontan modellieren. Der Spielraum vom Flach- über das Mittel- zum Hochrelief kann noch erweitert werden bis zur halbierten Vollplastik. Es muß also nicht unbedingt aus der Fläche heraus gearbeitet werden. Tonplatten lassen sich auch über einen Kern wölben und modellieren, oder es werden Formen auf einer Unterlage direkt aus einem Klumpen Ton herausgearbeitet. Dabei ist jede nur denkbare formale Gestaltung möglich, auch Unterschneidungen. Wichtig ist nur, daß eine breite Auflagefläche für das Tonmodell auf der Unterlage vorhanden ist.

Der Guß der Negativform erfolgt in einem Stück. Bei einer Vollplastik wäre das nur in komplizierter Technik mit verschiedenen Stückformen möglich. Nach dem Ausgießen und Erhärten des Gusses wird die Negativform abgeklopft. Da sie dabei zerstört wird, also verloren ist, wird sie „Verloren-Form" genannt. Sie kann also nur das eine Mal verwendet werden.

Material und Werkzeug

- Ton (beliebiger Sorte)
- Modellierhölzer, Spachtel
- Brett (Format muß mindestens einen Rand von 10 cm um das modellierte Objekt mit einschließen)
- Plastikgefäß (Schüssel, Größe nach der Menge des Gipses abschätzen, der zum Abgießen erforderlich ist)
- Becher, Gummispachtel oder Plastikschaber
- Farbpigment (am besten rote Pigmente) zum Einfärben der Alarmschicht (auch wasserlösliche Farbe möglich)
- Stuckgips, Schellack, etwas Spiritus zum Pinselreinigen, Bodenwachs (farblos) oder Seife/Olivenöl, Borstenpinsel, Alabaster- oder Modellgips
- Stecheisen, Holzklöppel (im Notfall auch Hammer und Meißel)
- Schleifpapier.

Technischer Vorgang

Herstellung des Tonreliefs

Auf einem Holzbrett wird die Tonarbeit in der Mitte plaziert, so daß darum herum noch ein Rand von mindestens 8 cm erhalten bleibt. Dieser Rand wird mit Tonschlicker (in Wasser aufgelöste, breiige Tonmasse) eingepinselt. Der Schlicker dient als Isolierschicht für den Gips, damit er sich gut vom Holzbret lösen läßt.

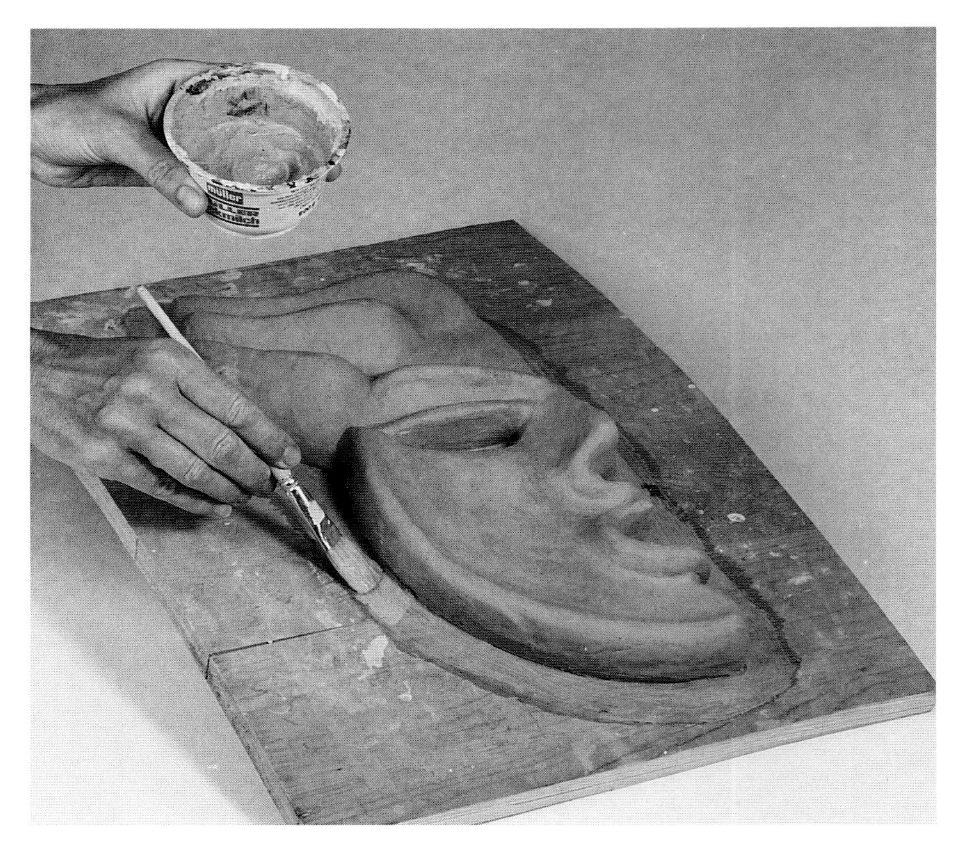

Die modellierte Tonarbeit wird für den Abguß vorbereitet. Man legt sie auf ein Holzbrett, das so groß sein muß, daß ringsherum Platz für einen Rand von mindestens 8 cm Breite ist. Dieser Rand wird mit Tonschlicker (in Wasser aufgelöste, breiige Tonmasse) eingepinselt, der als Isolierung für den Gipsguß dient.

Die Tonarbeit selbst sollte in noch feuchtem Zustand abgegossen werden. Falls der Ton schon trocken ist, kann man ihn mit Wasser einsprühen, so daß die obere Schicht wieder feucht wird und nicht in der Gipsform hängen bleibt. Die Negativform soll hier eine ziemlich dicke Schicht von mindestens 5 cm erhalten (beim Flachrelief nur 2 bis 3 cm).

Natur-Figur-Struktur (Halbrelief, 35 x 30 cm)
Es entstand nach Abformen und Ausgießen einer Gipsnegativform von einem Tonmodell. Die Oberfläche wird nach einer Schellackgrundierung mit Silberfarbe überzogen. Danach wird etwas Patinierpaste mit einem Lappen aufgewischt, vor allem in die Vertiefungen.

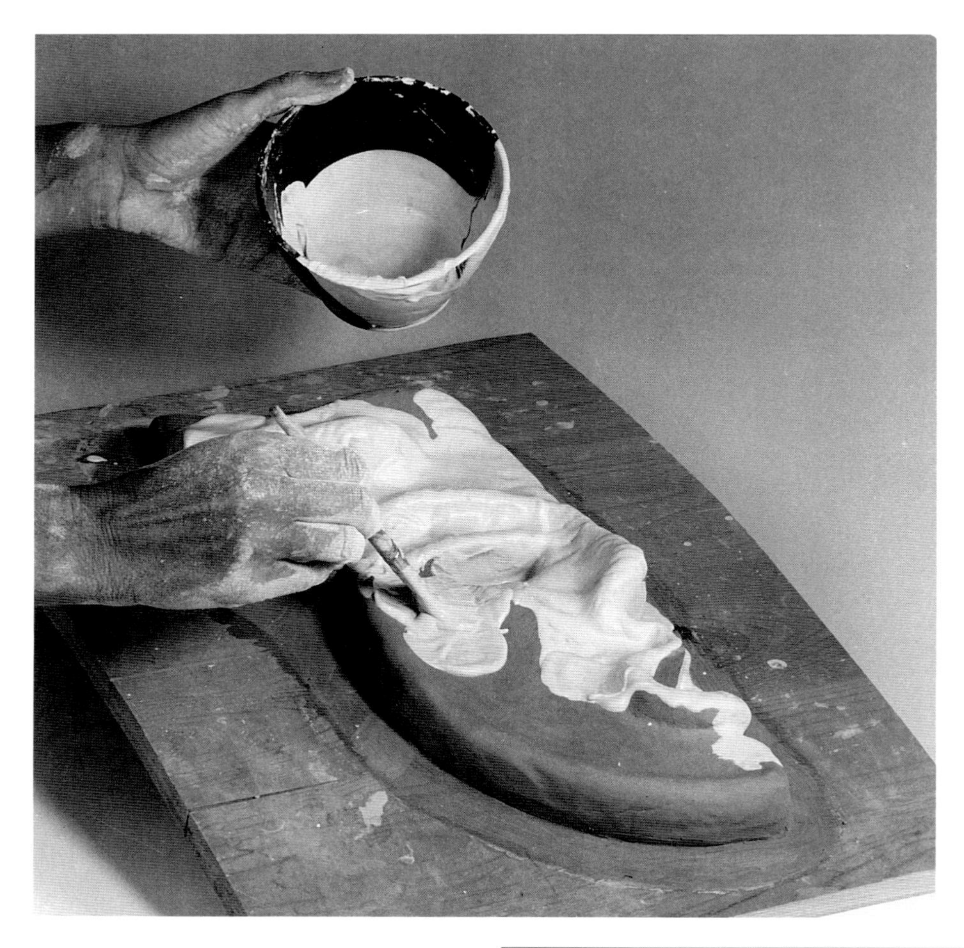

Die erste Schicht des Gusses, die man als „Alarmschicht" rot einfärben kann, wird in flüssigem Zustand (also sofort nach dem Anmachen des Gipsbreies) mit dem Pinsel aufgestupft oder sogar aufgeklatscht, damit keine Pinselspuren sichtbar werden. Unterschneidungen und enge Stellen werden gut ausgefüllt.

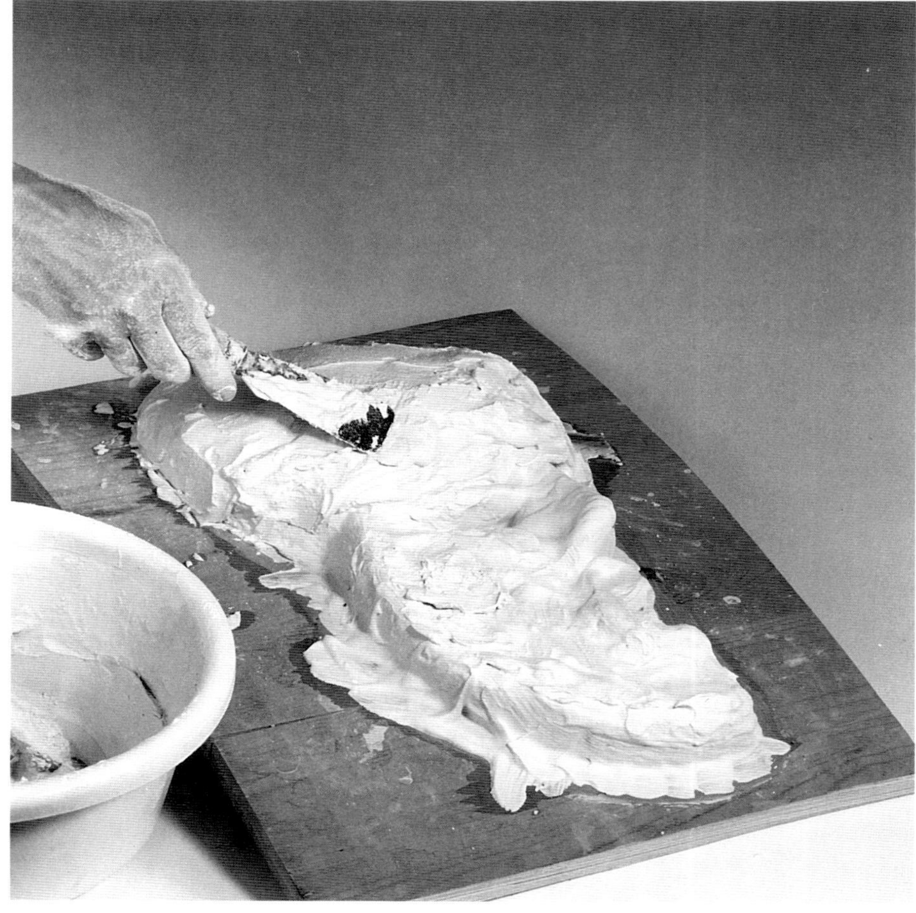

Die zweite Gipsschicht wird mit dem Spachtel aufgetragen. Es wurde neuer Gipsbrei (größere Menge als bei der ersten Schicht) angemacht und kurze Zeit gewartet, bis die Gipsmasse etwas dicker wurde. Diese Schicht soll möglichst an allen Stellen gleich stark sein, auch auf dem Randstreifen.

Die erste Gipsschicht (auch Alarmschicht)

Der Guß erfolgt in zwei Schichten: Die erste, eine recht dünne Gipsschicht (2 bis 3 mm stark) wird mit dem Borstenpinsel aufgetragen. Falls es sich um komplizierte Formen mit feinen Detail oder Unterschneidungen handelt, sollte eine sog. Alarmschicht aufgelegt werden. Diese besteht aus rot eingefärbter Gipsmasse. Dabei wird vor dem Gipseinstreuen dem Wasser rote, wasserlösliche Farbe oder rotes Farbpigment zugegeben.

Diese Alarmschicht hat eine Warnfunktion beim Abklopfen der Negativform. Hat man nämlich die dickere Gipsschicht abgeklopft, so weiß man bei der rot eingefärbten Schicht, daß jetzt die Reliefoberfläche unmittelbar folgt, die nicht beschädigt werden darf.

Beim Auftragen dieser ersten Gipsschicht (Alarmschicht) wird die Gipsmasse nach dem Anmachen, also in dickflüssigem Zustand, aufgepinselt. Unterschneidungen und enge Stellen werden gut ausgefüllt; dabei den Gips dick auf den Pinsel nehmen und aufklatschen. Das Aufpinseln mit wenig Gips ist zu vermeiden, da keine Pinselspuren in das Relief übertragen werden dürfen. Danach wird der Pinsel sogleich gesäubert, da sich der angetrocknete Gips schwer lösen läßt.

Die zweite Gipsschicht

Die zweite Schicht, die auf die dünne Schicht mit einem Spachtel aufgetragen wird, ist wesentlich dicker (etwa 3 cm). Beim Gipsauftrag beobachtet man, daß die flüssige Masse von den erhabenen Stellen langsam abläuft und sich in den Vertiefungen und auf dem Holzrand rund um das Relief sammelt. Deshalb wartet man mit dem weiteren Gipsauftrag, bis der Gips dickflüssiger wird, um dann auch die erhabenen Stellen zu übergießen.

Wenn der Gips noch mehr angezogen hat, trägt man mit dem Spachtel weitere Masse auf, bis man das Gefühl hat, daß die Schicht überall etwa gleich stark ist. Wichtig ist, daß auch der Holzrand überall mit einer gleich starken Schicht bedeckt wird, da die Ränder der Negativform sonst zu dünn und brüchig werden. Das Ganze läßt man dann eine Stunde ruhen (Flachreliefs eine halbe Stunde).

Auslösen des Tons aus der Form

Anschließend kann man das Gebilde umdrehen und den Ton aus der Form herauslösen. Man verwendet dafür einen schmalen Spachtel oder eine Tonschlinge. Kommt man der Gipsschicht näher, wird der Ton behutsam abgekratzt, um den Gips nicht zu verletzen. Die Negativform wird durch Waschen mit Wasser, Schwamm und wenn nötig Borstenpinsel oder Zahnbürste vom restlichen Tonfilm, der noch auf der Oberfläche haftet, befreit.

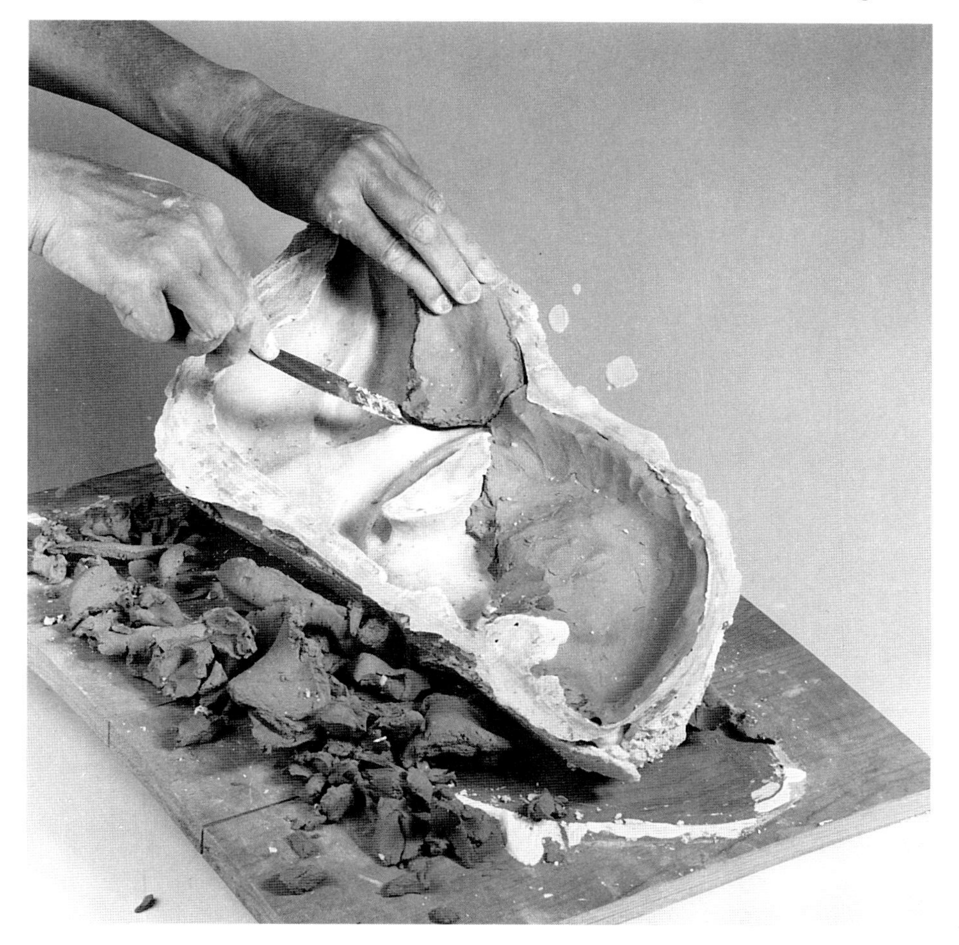

Die Tonmasse der modellierten Arbeit wird nach dem Erhärten des Gipsgusses mit einem gerundeten Spachtel oder Modellierholz herausgelöst. Dabei ist behutsames Vorgehen zu empfehlen, damit die Form nicht verletzt bzw. verkratzt wird.

Isolieren des Negativs

Die nächste Stufe wäre das Isolieren des Negativs, das unbedingt erforderlich und unter keinen Umständen zu vergessen ist! Denn nur durch die Isolierschicht, die hier als Trennmittel wirkt, läßt sich der eingegossene Gips später von der Gipsform lösen.

Wer ein Risiko vermeiden will, verwende eine Schutzschicht aus Schellack, der in zwei bis drei Schichten auf den noch feuchten Gips gepinselt wird. Zum schnelleren Trocknen kann man die Formen im Winter auf oder unter die Heizung legen. Die Versiegelung der Gipsfläche mit Schellack ist deshalb gut, weil die Gips-Negativform weder die spätere Isolierschicht noch die Feuchtigkeit des Gipses, der eingegossen wird, aufsaugen kann.

Wer keinen Schellack parat hat, muß seine Negativform unbedingt wässern, d. h., die Form muß so ins Wasser getaucht werden, daß sie ganz damit bedeckt ist. Der Gips saugt sich dabei voll Wasser, man hört ihn „singen", und es steigen kleine Blasen auf. Nach 1/4 bis 1/2 Stunde hat er sich meist vollgesogen und kann herausgenommen werden.

Die gewässerten oder mit Schellack präparierten Formen werden mit Hilfe eines Lappens oder weichen Pinsels mit Flüssig- oder Weichwachs oder einer Schmiere aus aufgelöster Seife mit Olivenöl bedeckt. Dabei ist wichtig, daß die gesamte Innenfläche des Reliefs, besonders auch die Unterschneidungen, die nicht einsehbar sind, mit Trennmittel bestrichen werden. Dann kann der angemachte Gipsbrei ohne Bedenken eingegossen werden. Dieser Vorgang wurde auf Seite 31 geschildert.

Abklopfen der Negativform

Noch sind wir aber nicht am Ende. Nachdem der Gips einige Stunden oder besser einen ganzen Tag (bei dickeren Güssen) Zeit zum Erhärten hatte, kommt die letzte Etappe, das Abklopfen der Negativform vom fertigen

Gipsguß.
Dazu legt man seine Gipsarbeit am besten auf eine weiche Unterlage mit der Eingußseite nach oben. Man beginnt an den Rändern mit schräg gehaltenem Stecheisen, das vom gegossenen Relief wegzeigt, Stücke abzuklopfen. Im weiteren Verlauf dreht man das Gipsgebilde auf die Rückseite und klopft dort weiter. Bei einfachen Reliefgebilden kann man dabei größere Stücke oder ganze Teile der Negativform abtrennen, und in relativ kurzer Zeit hat man sein Objekt von der Negativform befreit.

Nach dem Guß und der entsprechenden Wartezeit des Trocknens wird die Gipsform mit Stecheisen und Klöppel abgeklopft.

Bei komplizierteren Gebilden entfernt man zuerst die dicke Gipsschicht in kleineren Brocken, bis die rote Alarmschicht sichtbar wird. Dann nimmt man ein schmaleres Stecheisen oder einen schmalen Meißel und klopft ganz behutsam diese rote Schicht ab. Falls dabei Stellen des Gipsgusses verletzt werden oder kleine Stückchen abgeklopft werden, ist das nicht weiter schlimm, denn Gips ist ein gut zu reparierendes Material (Näheres dazu im Abschnitt „Ausbesserungsarbeiten"). Falls etwas von der Isolierschicht auf der Oberfläche haftet, kann mit Terpentin das Wachs und mit dünnem Chlorwasser die Seifen-Öl-Schmiere entfernt werden.

Mit schräg gehaltenem Stecheisen wird die Form stückweise vom Gipsguß befreit. Wenn vorher mit Wachs isoliert wurde, löst sich der Gips gut vom Gips. Man darf nicht zu stark mit dem Klöppel schlagen, damit der Gipsguß nicht beschädigt wird.

Die fertige Gipsarbeit wird fein geschliffen und die Ränder glatt geschnitzt.
Zur Demonstration ist hier nochmals die Negativform dem Positiv als reizvoller Gegensatz gegenübergestellt.

Themenstellung

In der Einführung zu diesem Abschnitt wurde bereits erörtert, daß in der Gestaltung ein weiter Spielraum gegeben ist. Praktisch können fast alle Formen modelliert werden, denn sie lassen sich ohne Probleme abgießen, auch Unterschneidungen. Nur in einem Punkt muß man eine Einschränkung machen: Es ist nicht möglich, mit dieser Technik ganze Durchbrüche, wie z. B. Henkelformen oder Röhren, die ganz unterschnitten sind, abzuformen.

Zu den Vorschlägen für Themen gehören alle Arten von Gesichtern, z. B. Ausdrucksgesichter (Freude, Trauer, Schmerz, Lachen . . .), Masken oder stilisierte Gesichter (z. B. Karikaturen, Eingeborenenmasken, Tiermasken . . .), Symbolmasken von verschiedenen Elementen, z. B. Sonnen-, Wasser-, Erd- und Luftsymbole als abstrakte Zeichen oder in Form von Gesichtern, z. B. Sonnenmaske, Wassermann oder Meeresgott, faltiges Erdgesicht, geflügelte Sonnenscheibe nach altägyptischem Vorbild usw.

Poseidon, der Meeresgott (Hochrelief als Modell für eine wasserspeiende Maske, 30 x 35 cm)
Man stellt es als Tonmodell her, von dem eine Negativform aus Gips abgenommen wird. Diese wird mit Wachs isoliert und dann wieder mit Gips ausgegossen. Die Negativform wird nach der Härtezeit mit Klöppel und Stecheisen stückweise abgeklopft. Die Oberfläche wird mit Schellack und anschließend mit grüner Dispersionsfarbe überzogen, die mit einem Lappen an herausragenden Stellen wieder abgewischt wird.

Sonnenmaske (45 x 48 cm)
Sie ist mit Hilfe eines positiven Tonreliefs entstanden, das über die klassische Abformtechnik in ein Gipsrelief verwandelt wird (siehe Seite 28 ff.). Die Oberfläche wird mit feinem Schmirgelpapier geschliffen.
Dann trägt man nacheinander drei dünne Schichten Schellack mit einem feinhaarigen Pinsel auf. In der speziellen Technik des Vergoldens wird dann echtes Blattgold aufgetragen.

Gipsplastik über Drahtgerüst

Während sich das Relief mit seiner Flächengebundenheit noch in naher Verwandtschaft mit der Malerei befindet, tendiert die Vollplastik mit ihrer Dreidimensionalität in den Bereich der Architektur. Besonders die moderne Plastik, die weniger an naturalistischer Darstellung interessiert ist, wird zum Körper- und Raumerlebnis freier Formkombinationen. Konkret bedeutet das, nicht nur alle drei Dimensionen in ihrem Verhältnis zueinander zu erwägen, sondern auch die zahllosen Ansichten, die sich beim Drehen einer Vollplastik ergeben, bei der Gestaltung zu berücksichtigen.

Zum Einstieg in dieses neue, raum-plastische Denken finde ich die hier beschriebene Technik recht gut geeignet. Der Schwerpunkt liegt dabei nicht so sehr auf dem Gestalten der Masse eines Körpers als vielmehr auf der Gestaltung eines Raumgebildes. Dazu bietet das Material Gips in Verbindung mit Draht eine hervorragende Möglichkeit. Es können ganz dünne, raumgreifende Teile wie Bögen, Schwünge, filigrane Silhouetten mit starken Durchbrüchen geformt werden. Bei dieser speziellen Technik ergeben sich runde Formen mit

Begegnung (Höhe 32 cm)
Die Figuren werden aus Kupferdraht gebogen, auf einer Holzplatte festgenagelt und mit in flüssigen Gipsbrei getauchten Stoffstreifen umwickelt. An manchen Stellen läßt man die Gips-Stoffstreifen glatt durchhängen, so daß eine Art Kleidung entsteht. Die Oberfläche wird bewußt grob belassen.

weichen Übergängen, im Gegensatz zu der mehr kantigen, geometrischen Formgebung im Abschnitt „Gipsplastik über Tonmodell".

Material und Werkzeug

- Holzbrett (da das Brett als Sockel verwendet wird, sind die Maße danach festzulegen)
- dickerer Draht oder dünne Eisenstangen (Kupfer-Schweißdraht in verschiedenen Stärken, Rund- oder Vierkant-Eisenstangen), verzinnter Blumendraht, Krampen (Rundnägel verschiedener Größe), Zange

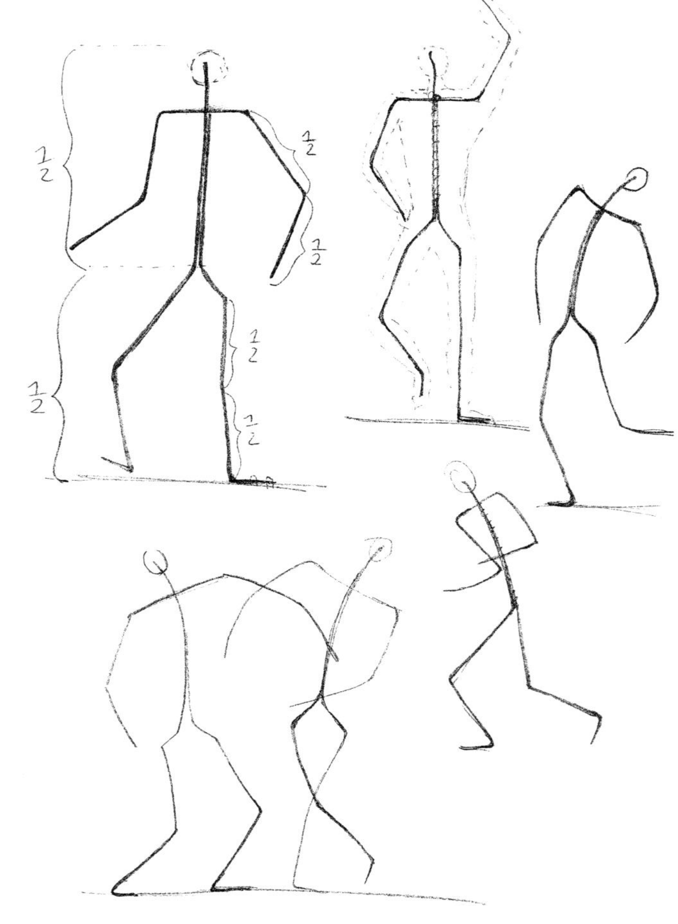

Tanzende Figuren
Eingefangene, grazile Bewegungen sowie einen reizvollen Gegensatz zwischen menschlichem Körper und der Stofflichkeit der Kleidung ermöglicht diese spezielle Technik (Gipsplastik über Drahtgerüst). Der grob strukturierte Gipsauftrag und auch der übergipste Holzsockel passen gut zur Spontaneität des Ausdrucks.

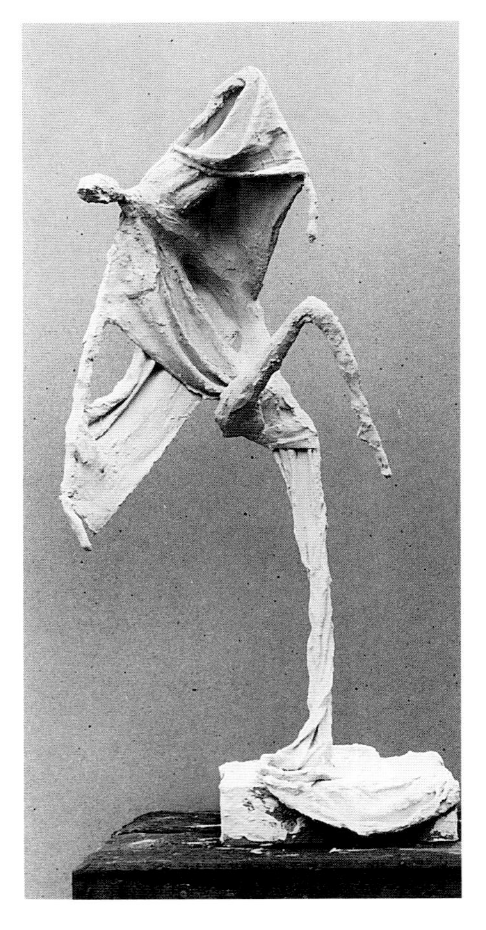

- Gipsbinden (etwa 5 cm breit), oder schmale Stoffstreifen, Schere, Gipsschüssel oder mehrere Joghurtbecher, schmaler Spachtel
- grobe Feile, Messer, Schleifpapier

Technischer Vorgang

In diesem Fall muß ein gewisses Konzept bereits bei der Beschaffung des Materials vorliegen. Die Größe, d. h. Höhe und Grundfläche des geplanten Objekts sollte abgeschätzt werden. Vor allem von der Höhe hängt die Stärke des Gerüstes ab. Bei kleineren Objekten reicht ein 0,3 mm starker Draht aus, bei Gebilden bis zu 30 oder 40 cm Höhe ein Draht mit 4 bis 5 mm Stärke.

Die Höhe von 30 bis 40 cm ist eher zu empfehlen, da hierbei besser gearbeitet werden kann als bei zu kleinen Objekten. Es kann Kupferschweißdraht verwendet werden, der per Hand

über Kanten oder mit einer Zange gut zu biegen ist. Um eine ausreichende Statik zu erhalten, müssen bei noch höheren Gebilden Eisenstangen verwendet werden. Bei der Verarbeitung sind Schraubstock, Metallsäge oder Bolzenschneider nötig.

Raumgebilde I (Gipsplastik über Drahtgerüst, Höhe 38 cm)
Eine der zahlreichen Möglichkeiten für die abstrakte Gestaltung einer Raumplastik.
Ausgegangen wird von einer sich bewegenden Figur, die so sehr stilisiert wird, daß sie nicht mehr unbedingt als menschlicher Körper zu erkennen ist. Der Schwerpunkt verlagert sich auf die reine Komposition, auf das Spiel von Bewegungen, Überschneidungen, Durchbrüchen, Schlaufen, Proportionen usw.

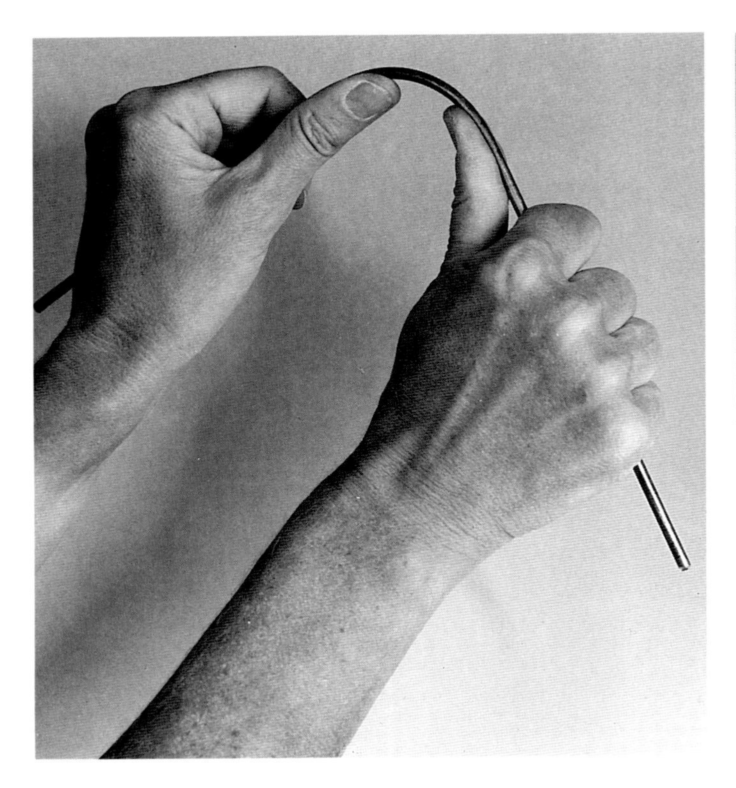

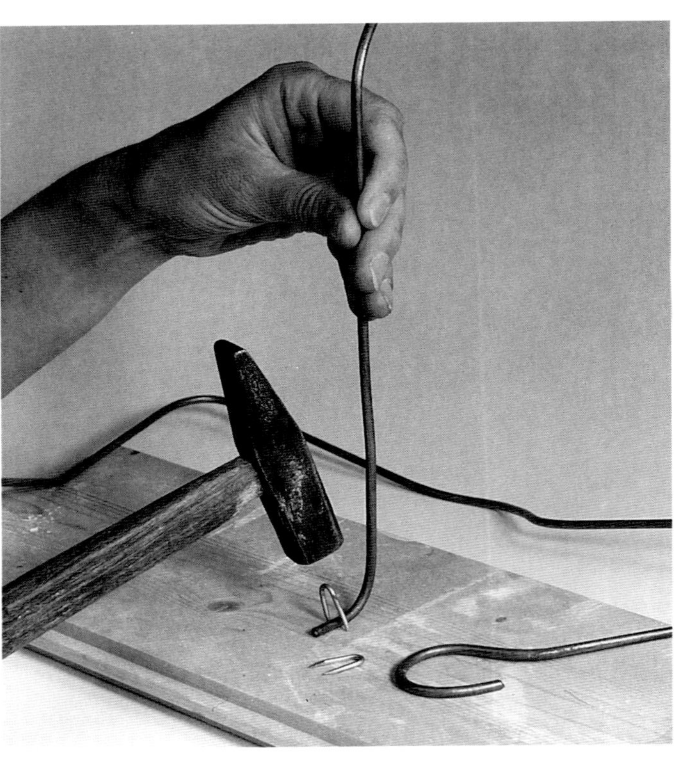

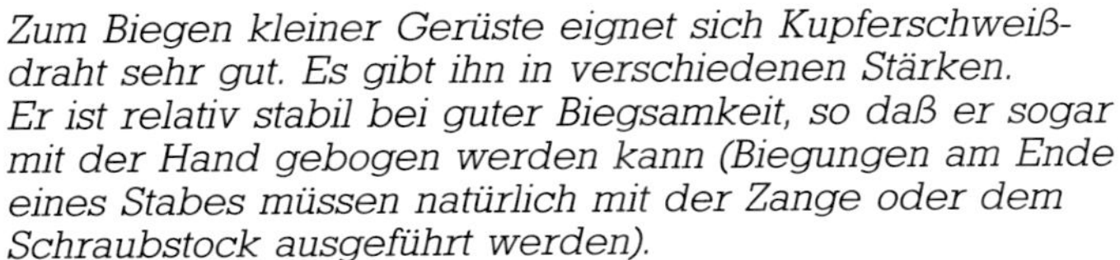

Zum Biegen kleiner Gerüste eignet sich Kupferschweißdraht sehr gut. Es gibt ihn in verschiedenen Stärken. Er ist relativ stabil bei guter Biegsamkeit, so daß er sogar mit der Hand gebogen werden kann (Biegungen am Ende eines Stabes müssen natürlich mit der Zange oder dem Schraubstock ausgeführt werden).

Man darf eine Schlinge bzw. einen rechten Winkel am Fußende für die Befestigung nicht vergessen, sie wird mit einigen Krampen (Rundnägel) auf ein Brett genagelt.

Aufbau des Drahtgerüstes

Vor Beginn sollte unbedingt eine Skizze angefertigt werden, die die Komposition in Form des Drahtgerüstes zeigt. Weiter ist zu überlegen, welche und wieviele Teile der Drähte gebogen werden müssen. Z. B. kann eine menschliche Figur aus zwei durchgehenden Stücken Draht von den Füßen bis einschließlich Kopf gebogen werden, so daß nur noch ein durchgehendes Stück für beide Arme angebracht werden muß.

Beim Biegen darf man eine Schlinge bzw. einen Winkel am Fußende nicht vergessen. Diese wird mit Krampen auf dem Brett aufgenagelt (mindestens zwei bis drei Krampen pro Schlinge). Bei größeren Modellen ist eine Bohrung in die Holzplatte und das Einstecken oder eventuell das Einkleben der Eisenstäbe erforderlich. Die einzelnen Drahtstücke werden an den Verbindungsstellen fest in Kreuzform mit Blumendraht umwickelt. Manche Teile erfordern eine Verstärkung. Entweder nimmt man von Anfang an einen dickeren Draht (oder Eisen), oder man nimmt zwei dünne Drähte zusammen und umwickelt diese mit Blumendraht. Das ganze Gebilde muß so stabil sein, daß es später das Gewicht der Gipsmasse trägt.

Umwickeln mit Gipsbinden

Nun folgt das Umwickeln des Gerüstes mit den Gipsbinden. Man schneidet längere Stücke ab und taucht sie kurz in Wasser, streift es ab und beginnt von unten zu wickeln. Wer mit Stoffstreifen arbeitet, macht in Etappen jeweils kleine Mengen Gips an, taucht die Stoffstreifen hinein und streift sie zwischen den Fingern wieder ab. Es muß schnell gearbeitet werden, da der Gips in dickflüssigem Zustand nicht mehr zu gebrauchen ist.

Der geplanten Formgebung entsprechend wird in nur einer Schicht an den Stellen gewickelt, die dünn bleiben sollen, ansonsten in mehreren Schichten übereinander für dickere Stellen. Dabei ist insgesamt zu beachten, daß die Stärke aller Teile unter

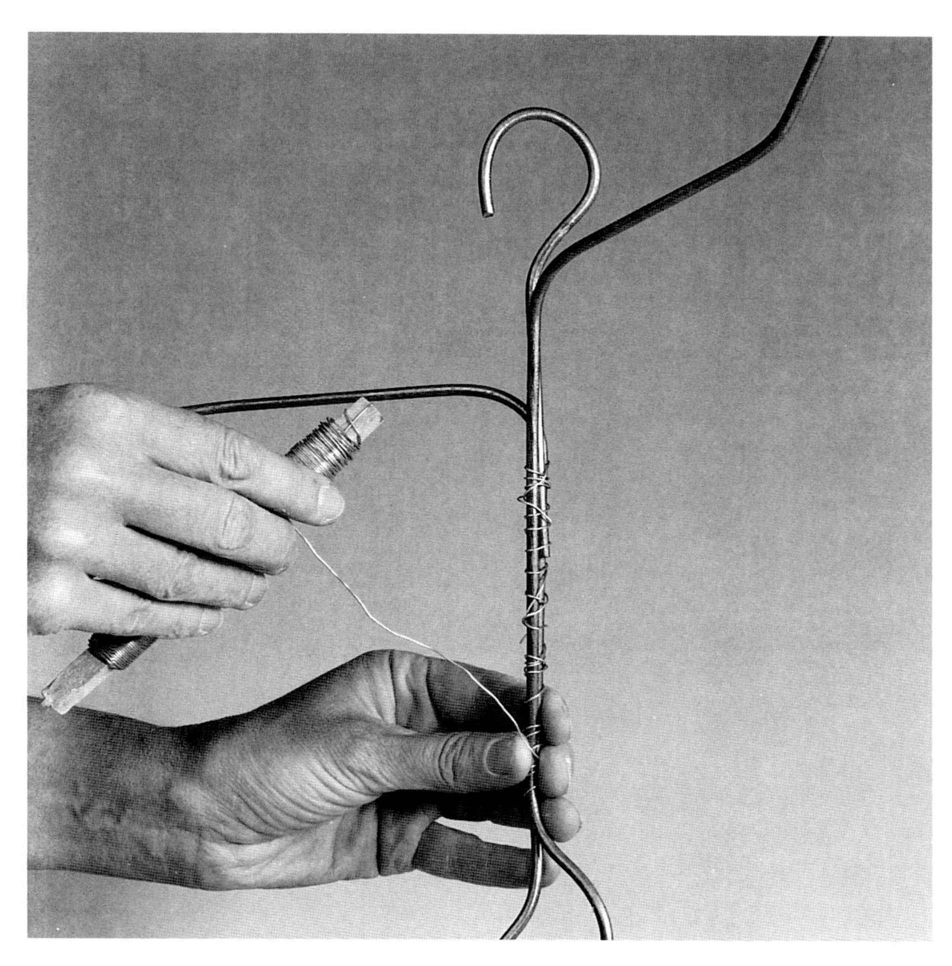

Mit Blumendraht können einzelne Drahtstücke verbunden werden. Man kann auch das gesamte Gerüst damit umwickeln, so daß die anschließend gewickelten Stoffstreifen besseren Halt haben.

Hier werden zugeschnittene Stoffbahnen (etwa 5 bis 6 cm breit) aus dünnem Material in den Gipsbrei getaucht. Beim Herausziehen streift man überflüssige Gipsmasse ab und wickelt dann die Bahnen ziemlich straff um das Drahtgerüst.

Die erste Schicht wird meist von unten nach oben dünn um das Gerüst gewickelt. Später können an Stellen, die dicker werden sollen, noch weitere Stoffstreifen gewickelt werden.

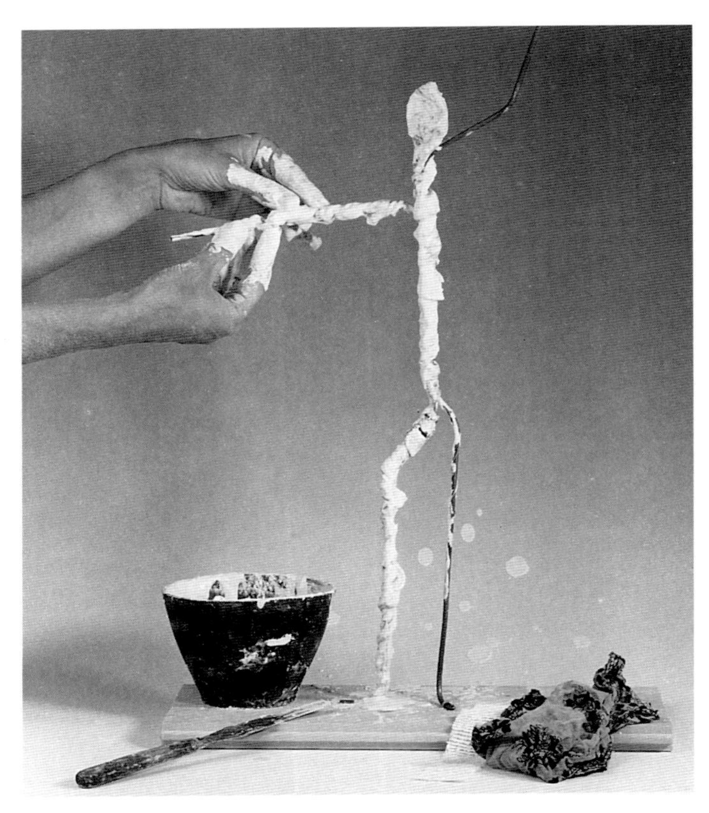

Rasches Arbeiten ist hierbei erforderlich, da der Gips nur in dünnflüssigem Zustand zu verarbeiten ist. Deshalb empfiehlt es sich, bei längerer Arbeit immer wieder kleine Mengen von neuem Gips anzumachen.

Mit einem Messer oder einem Spachtel wird dickere Gipsmasse modellierend auf die umwickelte Form aufgetragen.

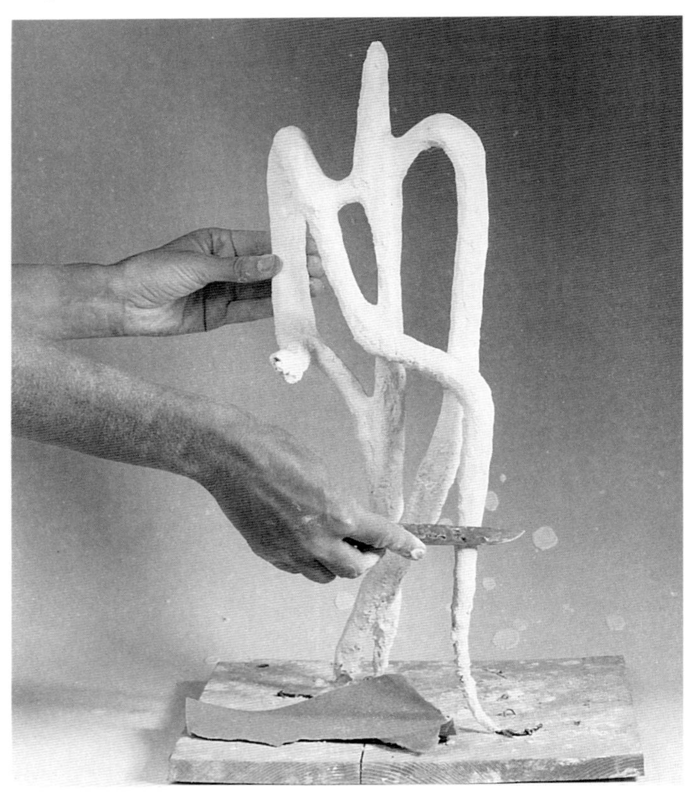

Mit einem Holzraspel oder auch einem Messer können die Formen überarbeitet und geglättet werden.

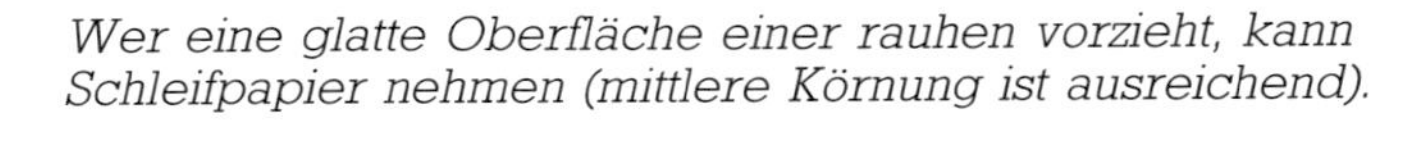

Wer eine glatte Oberfläche einer rauhen vorzieht, kann Schleifpapier nehmen (mittlere Körnung ist ausreichend).

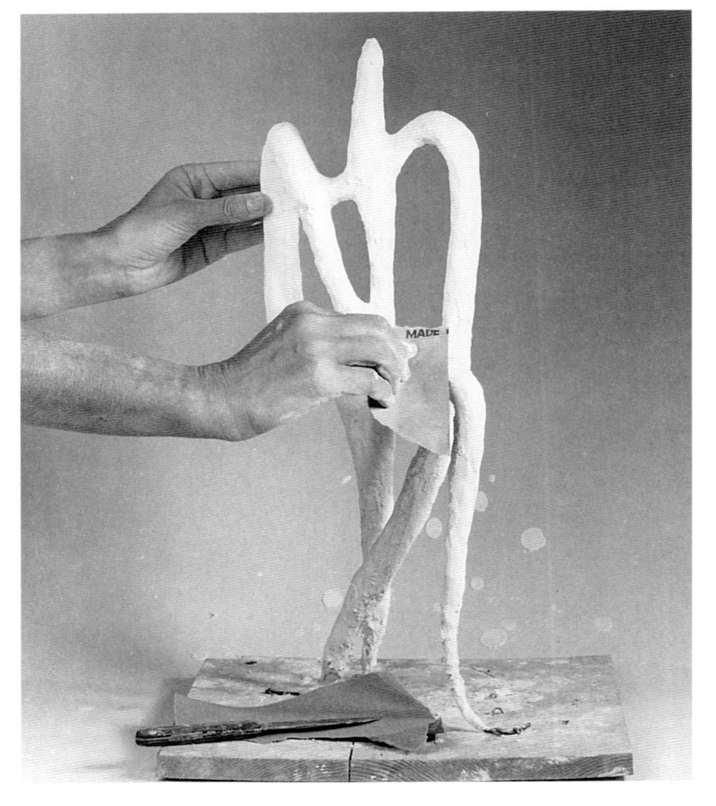

der geplanten Endstärke liegen muß, da ja noch eine abschließende Gipsschicht aufgetragen wird.

Aufbringen des Gipses

Mit dieser Gipsschicht beginnt dann eigentlich erst die differenzierte Gestaltung der einzelnen Formen. Beim Aufstreichen des Gipsbreies mit schmalem Spachtel, Messer oder Modellierholz werden die Formen plastisch modelliert. Diese Arbeit muß aber zügig vor sich gehen, da der Gips schnell anzieht. Deshalb wird stets nur eine kleine Menge Gips angemacht (Becher) und gleich verbraucht. Danach wird der Behälter gut gesäubert und neuer Gips angemacht. So wird aus dem dürren Gerüst allmählich ein körperhaftes Gebilde.

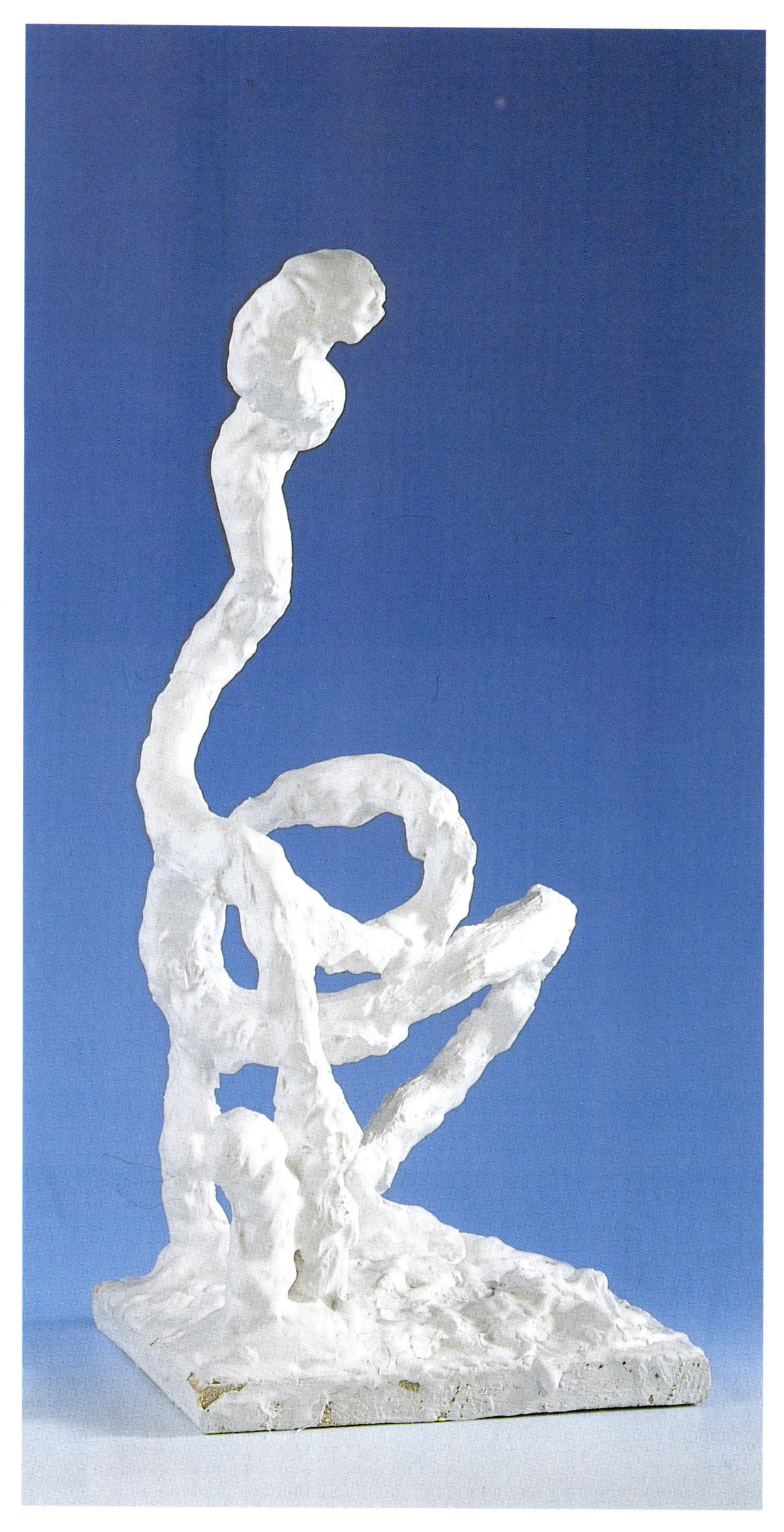

Raumgebilde II (Gipsplastik über Drahtgerüst, Höhe 38 cm)
Die Arbeit ähnelt sehr dem Modell von Seite 39 (Raumgebilde I). Im Unterschied zu jener Arbeit wurde die Komposition nicht von einer gegenständlichen Figur stilisierend abgeleitet. Es handelt sich hier um eine rein spielerische, ganz abstrakte Formgebung.
Die relativ weichen Kupferstäbe (zwei Stück) werden frei aus der Hand gebogen und mit Blumendraht verbunden. Der Gipsauftrag, den man auch über die Grundplatte ausdehnt, ist grob belassen worden, um das spielerische, spontane Element zu unterstreichen.

Die Oberfläche kann bewußt so grob, wie sie jetzt erscheint, belassen werden. Es kommt auf die Wirkung an, die man erreichen will. Oder man bevorzugt glatte Formen, die nach dem Trocknen des Gipses mit Feilen und Schleifpapier bearbeitet oder mit einem Messer geschnitzt werden können. Das Holzbrett kann ebenfalls mit Gips überzogen werden (auch die Seitenflächen), was ratsam ist, damit die Nägel und Drahtschlingen nicht mehr zu sehen sind. Außerdem wirkt die Grundfläche dann homogen und ist in die Komposition einbezogen.

Wassernixe (Gipsplastik über Drahtgerüst, 22 x 18 cm)
Der Draht (Kupferschweißdraht) wird in die gewünschte Form gebogen. An den beiden Stellen, an denen sich spitze Winkel befinden, lötet man zwei Drahtstücke zusammen. An diesen Stellen werden die Gipsstoffstreifen weggelassen, da die Stellen sonst zu dick werden. Etwas Gipsbrei wird mit dem Messer aufgetragen. Die kompakteren, körperhaften Stellen der Figur werden mit dickerer Gipsmasse aufmodelliert und danach mit grobem und feinem Schleifpapier geglättet.

Themenstellung

Wie schon in der Einführung dieses Abschnitts erwähnt wurde, bietet diese Technik die Möglichkeit, Form und Raum oder Form im Raum zu erfahren und plastisch zu erproben. Danach werden auch die speziellen Themen ausgerichtet. Hier interessiert nicht die naturalistische Darstellung von Körpern. Diese Technik eignet sich viel besser für raumfüllende, schwungvolle Kompositionen abstrakter oder stilisierender Art.

Abstrakte Themen: Raumknoten (der „Gordische Knoten"), Raumschleifen, Geflecht, Spirale.
Themen mit stilisierten Objekten: Menschen, einzeln oder in Paaren oder kleinen Gruppen, z. B. Tänzer, Schlittschuhläufer, Akrobaten, Radfahrer, Turner, Ringkämpfer usw.

Als Beispiel aus der klassischen Moderne dient die Kunst Giacomettis mit ihren stilisierten, dünnen, durchbrochenen Formelementen.

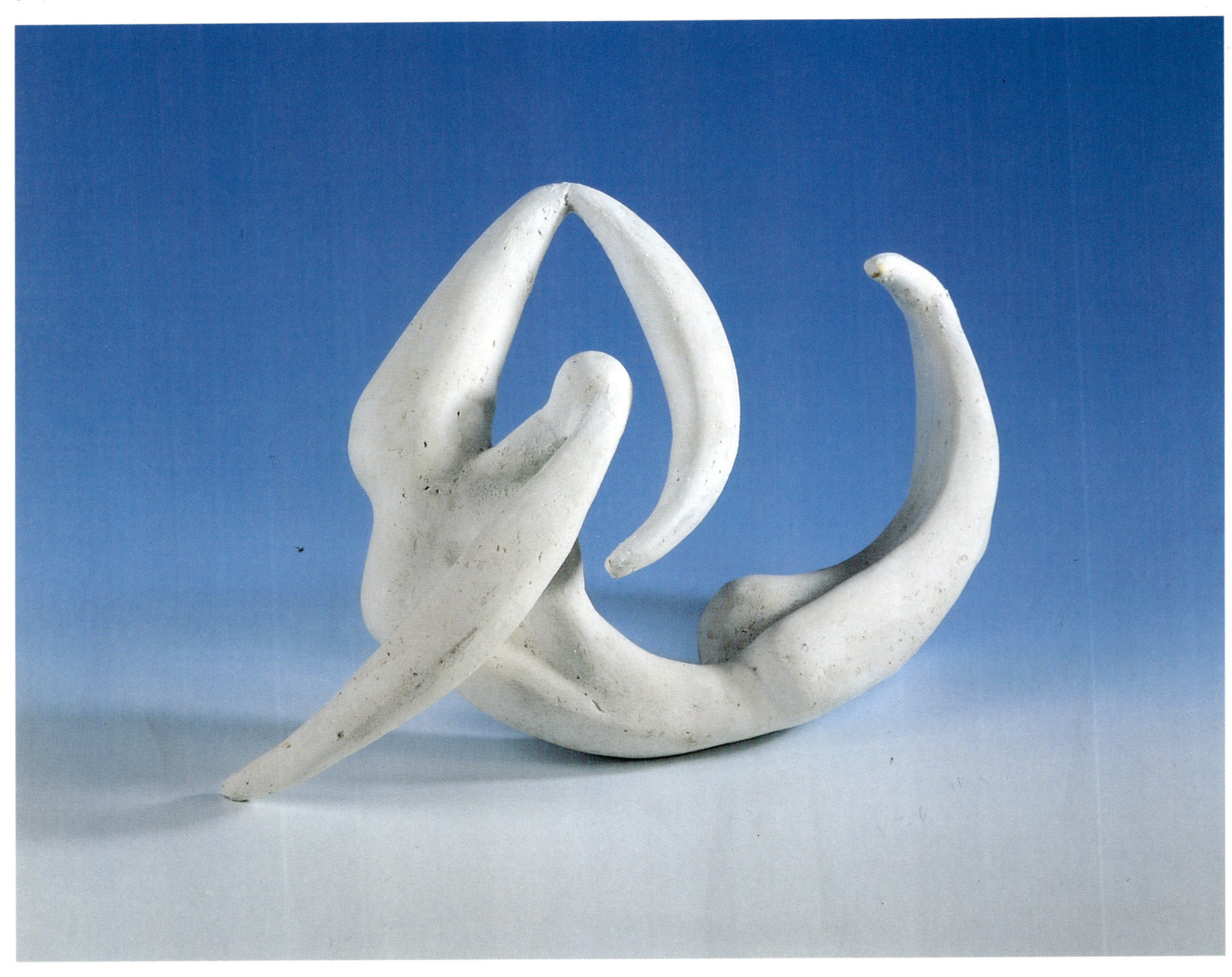

Tanzendes Paar (Höhe 24 cm)
Im Gegensatz zu den grazilen Figuren der anderen Beispiele dieses Kapitels entstanden hier robustere Figuren. Trotz der dickeren Körperteile wirken sie fröhlich bewegt und volkstümlich. Das Drahtgerüst wird mit dickeren Stoffbahnen, die in flüssige Gipsmasse getaucht werden, umwickelt.
Mit einem Borstenpinsel trägt man anschließend eine dünne Gipsschicht auf. Die Befestigungsstellen, an denen der Draht mit Krampen aufgenagelt wird, werden geschickt in Gipsschuhe verwandelt. Die nierenförmige Holzplatte wird vom Gips gesäubert und lackiert, so daß die strukturierte Holzfläche einen interessanten Kontrast zu den Gipsfiguren bildet.

Ballettkomposition.
Eine stilisierte Formensprache löst das Thema Ballett auf in ein Gebilde von Rhythmus und Form, als schwingenden, bewegten „Raumknoten". Die vielen strahlenförmig aus dem Zentrum nach außen ragenden Teile sind aus dickerem Draht gebogen. Die zwei Teile, die auf dem Holzsockel befestigt wurden, bestehen aus stabileren Eisenstangen, da sie für die Statik wichtig sind. Sämtliche Teile werden in der Mitte fest mit Draht verbunden. Nach dem Umwickeln mit gipsgetränkten Stoffstreifen wird dicke Gipsmasse modellierend aufgestrichen und später überarbeitet. Verschiedene verdünnte Farbaufträge in feinen Farbnuancen folgen.

Gipsplastik über Tonmodell

Im Gegensatz zur im Raum schwingenden, bewegten Konstruktion, deren Entwicklung im vorhergehenden Abschnitt beschrieben wurde, wird hier die statische, in sich ruhende, konzentrierte Körpermasse und ihre Gestaltung behandelt. Dabei dient die gesamte Bildhauerkunst von den Anfängen in den frühen Kulturen durch den Lauf der Stilepochen Europas bis in die Neuzeit als Vorbild, deren zentrales Thema der Mensch war und bis heute geblieben ist.

Auch wir beschäftigen uns - besonders in diesem Abschnitt - mit der menschlichen Darstellung. Wir nähern uns dabei dem Bereich der Skulptur (Stein- und Holzplastik) und deren formalen Elementen, z. B. kompakte Masse, klare Umrisse, gedrungene Formen ohne Durchbrechungen.

Bei der Erarbeitung wird von der Gesamtmasse ausgegangen: Die Gestaltung erfolgt durch Wegnehmen von Material. Das erfordert ein ganz anderes Denken als beim Modellieren, wo die Masse aufgetragen wird, also ein Hinzufügen erfolgt. Anders ausgedrückt: Einmal erfolgt ein Erarbeiten der Formen von innen nach außen, das andere Mal von außen nach innen.

Nixe (Modell für eine Brunnenfigur, Länge 45 cm)
Die Gipsfigur entstand über Tonmodell. Die Oberfläche wird fein geschliffen und poliert und anschließend mit seidenmattem Lack übersprüht.
Die Holzscheibe, auf der die Plastik befestigt ist, trägt hier entscheidend zur Gesamtkomposition bei.

Pferd und Reiter (Höhe 26 cm)
Die in Ton modellierte Plastik (kubistische Arbeitsweise) wird mit einer dicken Gipsschicht überzogen. Die Struktur des groben Auftrags bleibt bestehen. Die Oberfläche wird mit blaugrauer Dispersionsfarbe angestrichen (Pinsel- und Schwammauftrag).

Das wird hier deshalb erwähnt, weil beide Möglichkeiten ausführbar sind, d. h. es wäre eine interessante Übung, einmal skulptierend von außen nach innen mit Ton zu arbeiten. Man würde dabei sehen, daß ganz andere, blockartige Formen entstehen als beim Modellieren.

Material und Werkzeug

- Ton (fein- oder mittelschamottiert)
- Brett als Unterlage, Modellierhölzer und Schlingen, Spachtel, Gipsbecher oder Joghurtbecher, Messer, Borstenpinsel, Schleifpapier (mittel bis grob), Holzlatte
- Alabaster- oder Modellgips

Aus Ton modellierter Katzenkopf als Kernmodell für den Gipsüberzug.
Es ist günstig, die Oberfläche grob zu lassen, da der Gips besser haften kann als bei glatter Fläche. Als Unterlage dient ein Brettchen.

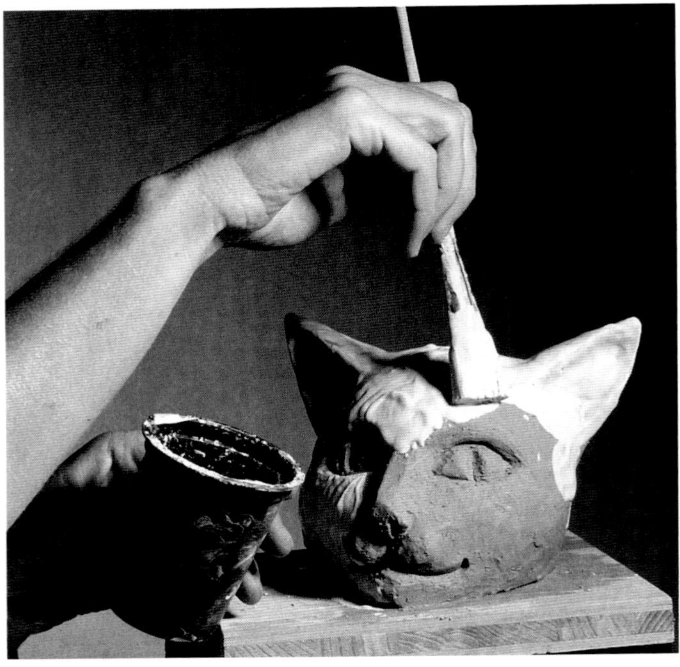

Auf den noch feuchten oder wieder angefeuchteten Ton (mit Wassersprüher) wird dünnflüssige Gipsmasse mit dem Borstenpinsel aufgetragen und in alle Vertiefungen und Rillen gestupft.

Technischer Vorgang

Das Skulptieren von Ton

Auf einem Brett wird ein Klumpen Ton plaziert, in etwa den Proportionen (Höhe, Breite, Tiefe) der geplanten Plastik. Man klopft ihn mit einer Holzlatte zu einem Kubus zurecht.

Dann beginnt die Gestaltung durch Wegnehmen von Tonmasse. Mit Hilfe von Modellierschlingen, aber auch Modellierhölzern ist dies gut zu bewerkstelligen. Bei moderner Gestaltung können mit dem Messer gerade Flächen und Kanten eingeschnitten werden.

Wichtig bei dieser Technik ist, daß das ganze Gebilde, ob gegenständliche Figur oder abstrakte Form, dünner geformt werden muß, da anschließend eine Gipsschicht von 0,5 bis 1 cm aufgetragen wird. Da dieser Gipsüberzug bereits die endgültige Oberfläche der Plastik ausmacht, muß die Stärke der Gipsschicht vom Volumen der Tonplastik abgezogen werden. Man modelliert entweder gleich alle Teile dünner, oder man modelliert in normaler, d. h. gewünschter Stärke und schabt später eine Schicht von 0,5 cm ab.

Der Gipsauftrag

Auf den noch feuchten Ton wird der angemachte Gips Stück für Stück aufgetragen: in dünnflüssigem Zustand mit dem Borstenpinsel, in breiigem Zustand mit einem Messer oder einem schmalen Spachtel. Dabei dürfen Unterschneidungen und schwer einsehbare Stellen nicht vergessen werden. Hier kann der Gips mit einem Pinsel an- oder hineingestupft werden.

Da der Gips schnell anzieht und man Hetze bei diesen Arbeiten vermeiden soll, macht man öfter nur kleine Mengen Gips an. Den Gipsbecher voher immer gut säubern!

Das Bearbeiten der Oberfläche

Beim Gipsauftragen kann man sich schon überlegen, welche Struktur die Oberfläche letztendlich haben soll. In manchen Fällen wirkt der grobe Auftrag passend und interessant. Plant man eine glatte Oberfläche, die den Formen meist Spannung verleiht und sie stärker betont, so streicht man den Gips schon möglichst glatt auf und schleift ihn nach dem Erhärten mit grobem und mittelgrobem Schleifpapier ab. Wirken manche Teile noch zu plump oder unförmig, so kann mit einem Messer nachgeschnitzt werden. Dabei muß vorsichtig gearbeitet werden, damit die empfindliche Gipsschicht nicht eingedrückt wird. Auch darf man

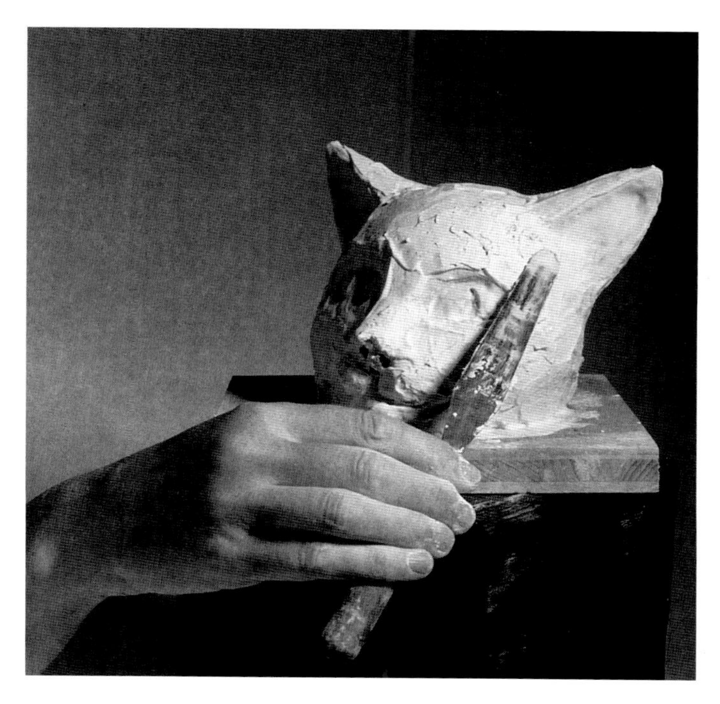

In Etappen wird immer wieder etwas neuer Gips angemacht und in dickflüssigerem Zustand in dünnen Schichten aufgetragen. Dabei muß man beachten, daß die modellierten Formen möglichst beibehalten werden und die Schichten das Gebilde gleichmäßig stark überziehen.

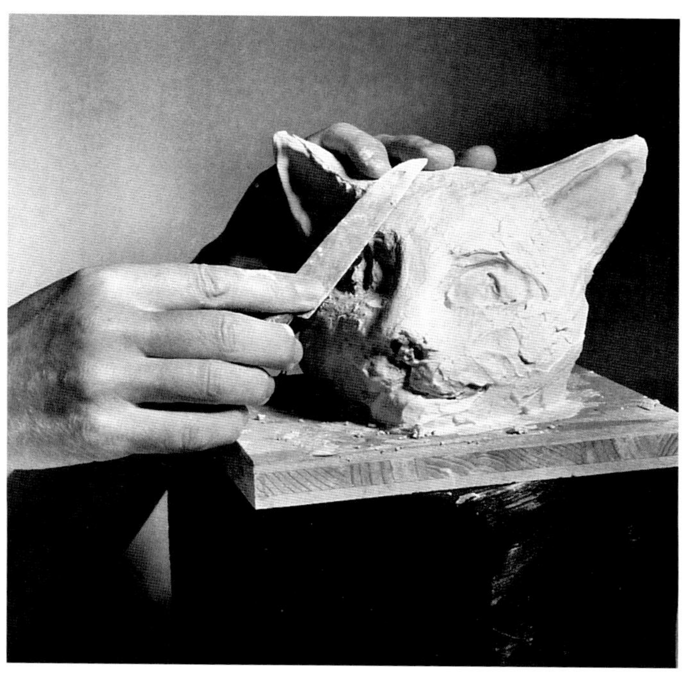

Mit einem Messer werden Details nachgearbeitet und Vertiefungen herausgekratzt.

nicht zuviel wegnehmen, damit die Gipsschicht nicht durchbricht und der Ton sichtbar wird.

Man kann auch die Bodenfläche der Plastik mit einer Gipsschicht überziehen, so daß ein geschlossener Überzug entsteht. Der Tonkern im Innern der Plastik wird nicht herausgelöst, da er für Stabilität sorgt.

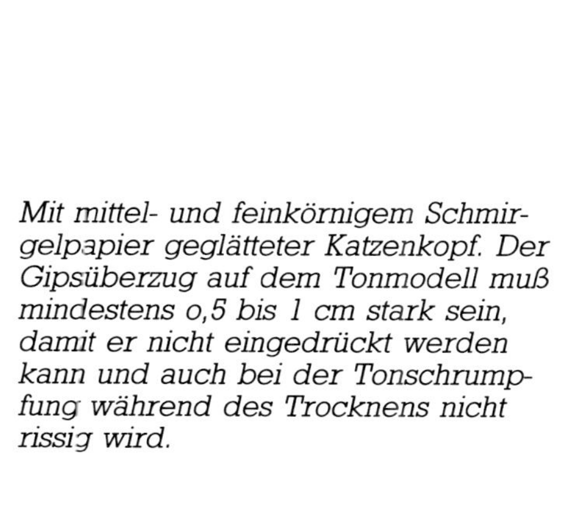

Mit mittel- und feinkörnigem Schmirgelpapier geglätteter Katzenkopf. Der Gipsüberzug auf dem Tonmodell muß mindestens o,5 bis 1 cm stark sein, damit er nicht eingedrückt werden kann und auch bei der Tonschrumpfung während des Trocknens nicht rissig wird.

Ägyptische Sitzfigur (Höhe 22 cm) ▶
Diese Figur wurde mit Ton modelliert und mit einer Gipsschicht überzogen. Die Oberfläche wird geglättet und mit Schellack und Goldbronze gestrichen.

Themenstellung

Das zentrale Thema der Bildhauerei, das seit Jahrtausenden in der plastischen Gestaltung den Vorrang besaß, nämlich die Gestaltung der menschlichen Figur, empfiehlt sich für diese Technik. Beispiele aus der Antike, aus Ägypten und Griechenland, ebenso die Darstellungen der deutschen Gotik oder des italienischen Barock führen die verschiedenen Auffassungen vom Menschenbild im Laufe der Geschichte vor Augen.

Solch ein kurzer Exkurs dient der Anregung, bevor man sich selbst mit dem Thema befaßt, das lautet: Der Mensch in den Grundhaltungen Stehen, Sitzen, Liegen und Hocken.

Hinzu kommt die moderne Plastik, die Beispiele für die Stilisierung oder „Verlandschaftlichung" der menschlichen Figur bietet (z. B. Plastiken von Henry Moore), was hier auch ein interessantes Thema wäre. Dicke Massen eignen sich bei dieser speziellen Technik, wie sich denken läßt, besonders gut: dicke Menschen (z. B. Münchner Kellnerin mit Bierkrügen, dick eingemummte

Stele: pflanzliche Formen (Höhe 25 cm)
Das aus einer Tonsäule herausgearbeitete Modell wird mit einer dicken Gipsschicht überzogen. Später werden die Formen glattgeschliffen. Die Oberfläche wird mit hellem Schellack überzogen und dann mit Stahlwolle abgerieben, so daß eine Struktur entsteht.

Sitzende Figuren auf einem Block (Höhe 20 cm)
Die Figuren werden aus Ton massiv modelliert. Auf einem länglichen Tonquader setzt man einen Tonstreifen, der die Länge und Breite der Figur von den Schultern bis zu den Füßen besitzt und etwa 2 cm stark ist. Dieser Streifen wird der Länge nach bis zur Mitte aufgeschnitten, wodurch die Beine entstehen. Kopf und Arme werden hinzugefügt. Mit einem Modellierholz werden alle Teile plastisch gerundet. Details müssen nicht ausgearbeitet werden, da sie für diese Technik nicht wesentlich sind. Zuerst wird mit einem Borstenpinsel dünne Gipsmasse aufgepinselt, danach dickere Masse mit dem Messer aufgetragen. Die Oberfläche wird nach dem Trocknen stellenweise etwas nachgeschliffen.

Gestalten, dicker Mann mit Hund usw.) oder massige Tierdarstellungen, wie Elefant, Nashorn, Robben, Bären usw.

Als ganz anderer Themenbereich kommt noch die abstrakte Plastik mit massiger, vereinfachter Formgebung in Frage. Wer sich vorher mit dem Kubismus befaßt hat, einer modernen Stilrichtung, die mit stilisierten Flächen und Schnittformen arbeitet, findet hier eine Quelle der Inspiration (z. B. Arbeiten von Archipenko, Lipchitz, Zadkine).

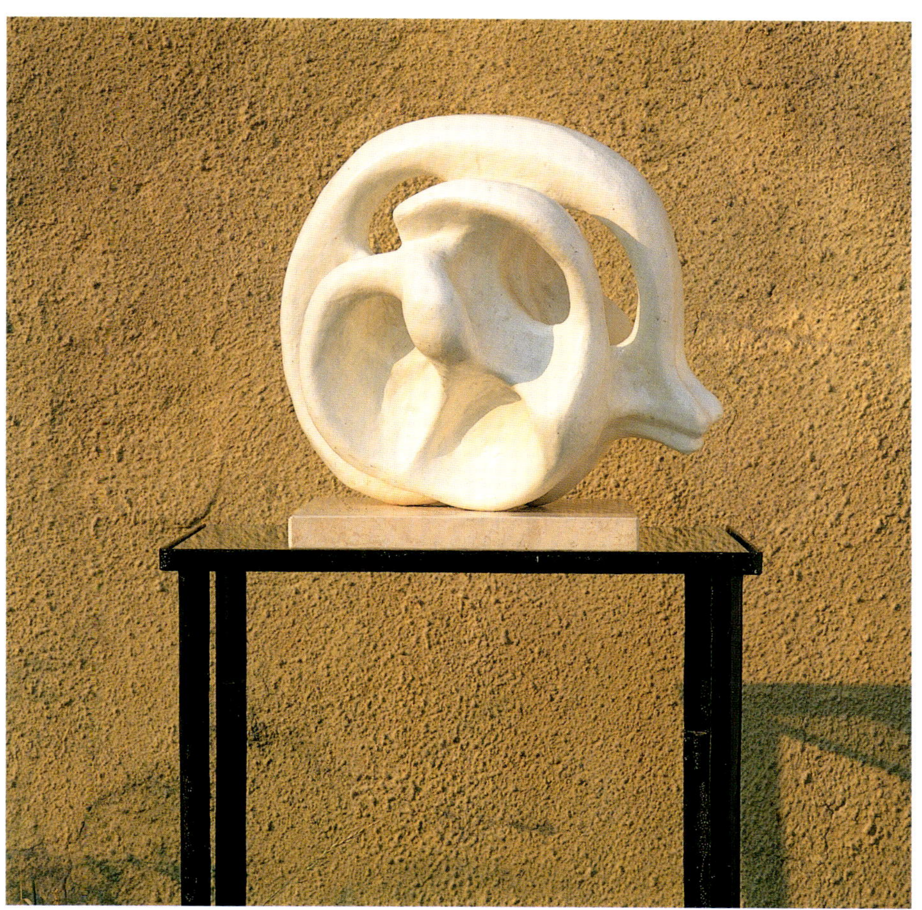

Knotenplastik (Höhe 40 cm)
Hier handelt es sich um eine Kombination der Techniken der Gipsplastik über Drahtgerüst und der Gipsplastik über Tonmodell.
Die dünnen Teile werden aus Draht gebogen, die dicken aus Ton modelliert. Das Ganze wird mit Gips überzogen und dann glattgeschliffen. Nach einem Schellackauftrag wird die Plastik mit weißer Ölfarbe gestrichen.

Weiblicher Torso (Höhe 25 cm)
Das aus Ton geformte Kernmodell besteht aus wesentlich dünneren Formteilen als die fertige Figur. Auf dieses Tonmodell wird eine dicke Gipsschicht aufgetragen. Die Oberfläche wird zum größten Teil geglättet und dann mit farblosem Wachs eingerieben.

Gesichter und Köpfe

Die hier geschilderten Techniken zur Erarbeitung von Gesichts- und Kopfplastiken behandeln das Abnehmen einer Negativform vom lebenden Modell sowie das anschließende Ausgießen und Überarbeiten des Gusses.

Diese ziemlich unkomplizierte Verfahrensweise, die außerdem relativ wenig Zeit beansprucht, ermöglicht es jedem, der über keine künstlerischen oder technischen Vorkenntnisse und Erfahrungen verfügt, zu einem erstaunlichen Erfolgserlebnis zu kommen. Verblüffende Naturnähe mit dem Modell kann ohne Schwierigkeiten erreicht werden.

Diese Art des Erarbeitens einer Gesichts- und Kopfplastik ist mehr ein technischer als kreativer Vorgang. Der hier erreichte Naturalismus steht ausschließlich im Vordergrund. Deshalb kann und soll diese Methode nie die frei gestaltende Porträtkunst ersetzen, die im Darstellen von Ausdruck und Charakteristik menschlicher Züge, im Erfassen von Typischem und Wesentlichem ihre Aufgabe sieht, der sie mit formalen Stilmitteln der persönlichen Sehweise und dem künstlerischen Auge gerecht zu werden versucht.

Nur beim Überarbeiten des Gusses, speziell beim Herausarbeiten von Augen, Nase, Ohren oder der Frisur, kommt man der freien Porträtgestaltung etwas näher.

Beim exakten Naturstudium, beim Selbstporträt mit Hilfe eines Spiegels oder am Modell wird der Blick geschult und die Umsetzung in das Material Gips erprobt.

In dem Abschnitt „Möglichkeiten der Verfremdung" entfernen wir uns dann wieder von der Naturnachahmung und machen einen großen Sprung mitten in das Kreativ-spielerische. In diesem Abschnitt ist die gegossene Gesichtsplastik Ausgangspunkt zu einer neuen, ganz freien und für viele vielleicht ungewohnten Darstellungsweise. Es erschließt sich ein weites Spektrum vom spielerischen Experiment bis zu künstlerischen Aussagemöglichkeiten.

Thematische Einführung

Bevor die besonderen Techniken zum Erstellen einer Proträtplastik oder eines Kopfes beschrieben werden, soll zuerst einiges über das Objekt selbst, also das menschliche Gesicht bzw. den Kopf und dessen Erscheinungsformen gesagt werden. Es ist äußerst interessant und lohnend die Vielfalt der Gestaltungsweisen der Natur und die unendliche Fülle der Kreationen des menschlichen Gesichtes anzudeuten.

Kopf und Gesicht eines Menschen sind die Ausdrucksträger seiner Persönlichkeit, seines ganzen Wesens. Von alters her bezeichnet man das Gesicht als „Spiegel der Seele", da es die Möglichkeit bietet, alle nur denkbaren menschlichen Gefühle auszudrücken. Man sprach von einem „gesichtslosen Menschen", wenn dieser keine besonderen Gesichts- bzw. Wesenszüge besaß.

Bei der Erarbeitung einer Gesichts- oder Kopfplastik sind wir genötigt, uns mit dem eigenen Gesicht und dem Gesicht unseres Gegenübers auseinanderzusetzen. Dabei ergeben sich auf der Palette der Erscheinungen zahlreiche Unterscheidungskategorien: In den verschiedenen Altersstufen unterscheiden sich die menschlichen Züge, vom prallen Kinderköpfchen bis zu den faltigen Gesichtern alter Menschen, die einer durchfurchten Landschaft gleichen.

Geschlechtsunterschiede können Kontraste aufzeigen, wie z. B. ein fein gezeichnetes Mädchengesicht und ein derb kantiger Männerschädel. In den Großstädten, die immer eine multinationale Bevölkerung aufweisen, ist es heutzutage nicht allzu schwer, Menschen verschiedenster Rassen, sei es aus Afrika, Asien, Südamerika . . . , mit ihren spezifischen Kopf- und Gesichtsformen zu studieren und vielleicht auch als Modell zu bekommen.

Mit der Einteilung in unterschiedliche menschliche Typen ergibt sich eine weitere, reichhaltige Sammlung: das rundliche, fleischige Gesicht – das eingefallene Asketengesicht – das grobknochige, breite Gesicht – das lange, schmale Gesicht – das üppige, sinnliche Gesicht, usw. Dann gibt es Gesichter, in denen bestimmte Teile markant sind, so etwa das „Nasen-Gesicht", das „-Stirn-Gesicht" oder das „Kinn-Gesicht".

Der Mensch und sein Porträt
Anke hält ihre fertige Porträtplastik, die auf einem Sockel befestigt wurde, zum Vergleich hin.

In formaler Hinsicht unterscheidet man das flächige Gesicht (meist breit mit großer Gesichtsfläche) und im Gegensatz dazu das lineare Gesicht (schmaler, mit betonten, oft geschwungenen Linien, markanten Details). Von den Umrißformen her unterscheidet man das wappen- und das herzförmige, das runde, ovale, quadratische und lange Gesicht. Letztendlich läßt die jeweilige Individualisierung des einzelnen Gesichtes eine einmalige Differenzierung zu. Nach diesem Exkurs sehen wir das eigene Gesicht wie auch die Gesichter unserer Mitmenschen sicher mit bewußteren Augen.

Bei der Suche nach einem Modell ist zu überlegen, welcher menschliche Typus und welcher Ausdruck dargestellt werden sollen. Ob der Schwerpunkt mehr auf dem Gesicht liegt und ausschließlich dieses gestaltet werden soll oder ob eine interessante Kopfform oder Silhouette gegeben ist, die eine Kopfplastik wünschenswert macht, bleibt jedem überlassen.

Material und Werkzeug

Für die Gesichts-Negativform: Gipsbinde (meist reicht eine Rolle mit 8 cm Breite), Gefäß mit Wasser, Schere, Gipsbecher, Spachtel, Vaseline, Stirnband, weiches Papier (Küchenrolle, Taschentuch) und etwas Stuckgips.

Für Kopf-Negativform zusätzlich: Plastikfolie oder eng anliegende, glatte Badehaube, zusätzliche Gipsbinden (möglichst breit), Fettstift, Eisenstab (rund, Durchmesser etwa 0,5 cm), Styroporreste oder Zeitungspapier, Blumendraht, Alabaster- oder Modellgips (etwa dreifache Menge wie bei Gesichtsguß).

Für den Gipsguß: Plastikschüssel, Isoliermittel (Bodenwachs oder Seifen/Öl-Schmiere), Schellack, Borstenpinsel, spitzes Messer, Schleifpapier und Alabaster- oder Modellgips.

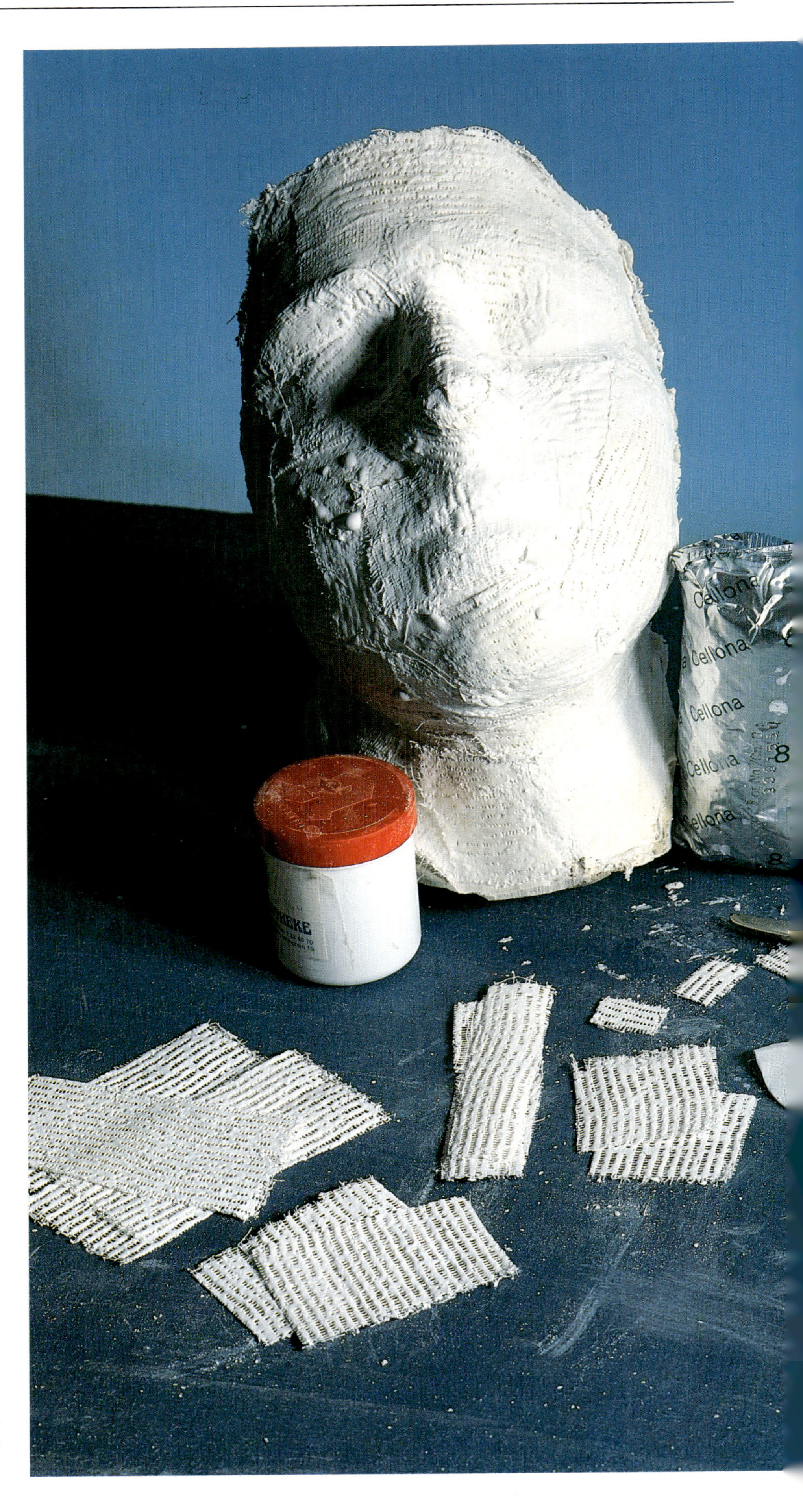

Sämtliche Utensilien, die für das Herstellen einer Porträtplastik nötig sind: eine Packung Gipsbinde mit 8 cm Breite, eine Schüssel lauwarmes Wasser, eine Schere, Vaseline zum Einfetten der Haut, zwei Abdeckblättchen aus weichem Papier ausgeschnitten in Augenform. Zugeschnittene Gipsbinden-Streifen in verschiedenen Breiten werden in sortierten Häufchen vorbereitet; auch verschieden kleine Stückchen für die Partie der Nasenflügel und des Nasenstegs. Zur Demonstration ist bereits eine fertige, abgenommene Gesichtsform von außen zu sehen.

Abnehmen einer Negativform vom menschlichen Gesicht

Vorbereitung des Modells

Die in die Stirn fallenden Haare des Modells werden zurückgebunden. Gesicht und Hals werden reichlich mit Fettcreme (Vaseline) eingestrichen. Die untere Kinnpartie zum Hals hin darf man nicht vergessen. Die Stirn und die Seiten bis zum Haaransatz und den Ohren besonders gur einfetten, da die Haut hier viel Fett aufnimmt. Bei Männern mit Vollbärten eignet sich die Abnehmtechnik weniger. Schnurrbärte kann man unter Umständen abdecken und später überarbeiten. Zum Abdecken der Augen nimmt man weiches Papier und schneidet daraus zwei mandelförmige Stücke, die die geschlossenen Augen mit den Wimpern vollständig abdecken.

Um reibungslos arbeiten zu können, muß das Material sorgfältig vorbereitet werden. So schneidet man die Gipsbinde in verschieden lange und breite Streifen, die sortiert bereitgelegt werden. Längere Stücke werden für Stirn und Wangen sowie Halspartien gebraucht, kürzere für Nasenrücken, Augen und Mund, ganz kurze und schmale für den Bereich der Nasenspitze mit Nasenflügel und Nasensteg. Eine kleine Schüssel mit lauwarmem Wasser wird bereitgestellt.

Das Modell muß bequem sitzen und den Kopf in der gewünschten Position halten. Will man den Hals mit abformen, was zu empfehlen ist, so ist die Kopfhaltung wichtig. Am besten ist eine ganz natürliche Stellung, ohne Neigung oder Drehung des Gesichts nach vorn, nach oben oder unten. Vor dem Auftragen der Gipsbinden werden die vorgeschnittenen Augenpapierchen kurz ins Wasser getaucht, feucht auf die geschlossenen Augen des Modells gelegt und dabei möglichst gut der Wölbung des Augapfels angepaßt.

Das Abformen mit Gipsbinden

Das Auflegen der Gipsbinden beginnt mit den langen Stücken auf Stirn und Wangen. Zuerst werden die Bindenstücke in warmes Wasser getaucht, überflüssiges Wasser wird am Schüsselrand abgestreift und dann alle Gesichtspartien wie nachfolgend beschrieben belegt. Die einzelnen Stücke müssen glatt und ohne Ränder aufliegen und sich gegenseitig überlappen. Zum Glätten die noch feuchten Bindenstücke nach allen Seiten mit den Fingern ausstreichen. Beim Haaransatz darauf achten, daß keine feinen Härchen eingegipst werden.

Man beginnt bei Stirn und Wangen. Dabei werden die breiteren Gipsbindenstücke verwendet. Sie werden kurz in das Wasser getaucht, auf die Haut gelegt und nach allen Seiten glattgestrichen.

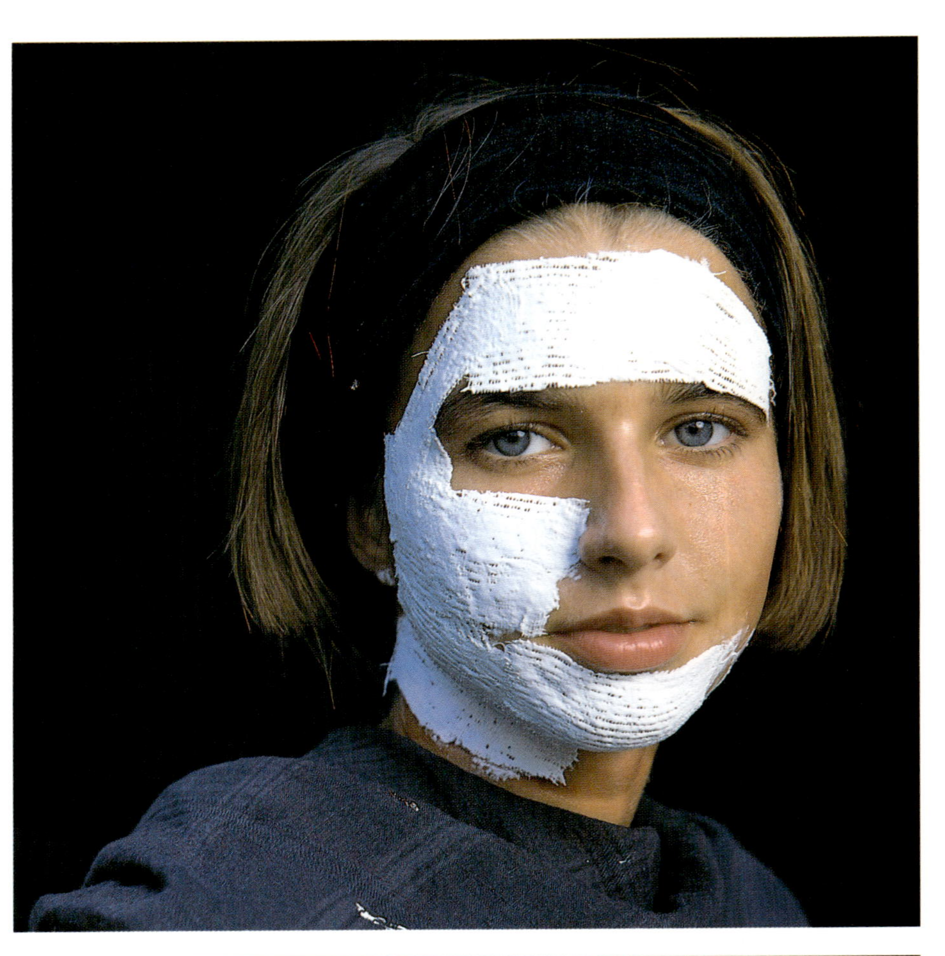

Nach Kinn und Halspartie kommt der Nasenrücken an die Reihe, über den man ein längeres Bindestück der Breite nach legt. Der Mund wird mit nur einem, aber ausreichend großen Stück gut abgedeckt. Modellieren Sie mit einem Finger die Mittelinie und die Wölbung der Lippen etwas nach, damit sie sich gut abformen.

Erst zum Schluß werden die für das Modell unangenehmeren Stellen der Augen und der Nasenlöcher belegt.

Die Augen werden ebenso wie der Mund jeweils mit einem entsprechend großen Stück abgedeckt und man versucht vorsichtig, wie vorher mit den Augenpapierchen, die Form besonders in den Augenwinkeln nachzustreichen.

Nun steht noch der schwierigste Teil des Abformens aus, nämlich die untere Nasenpartie. Hierfür sind nur die kleinsten Stücke geeignet. Diese versucht man möglichst exakt ohne Falten an Nasenflügel und Nasenspitze anzudrücken. Mit einem genau dafür zugeschnittenen winzigen Stückchen wird der Steg zwischen den Nasenlöchern der Länge nach abgedeckt. Mehr

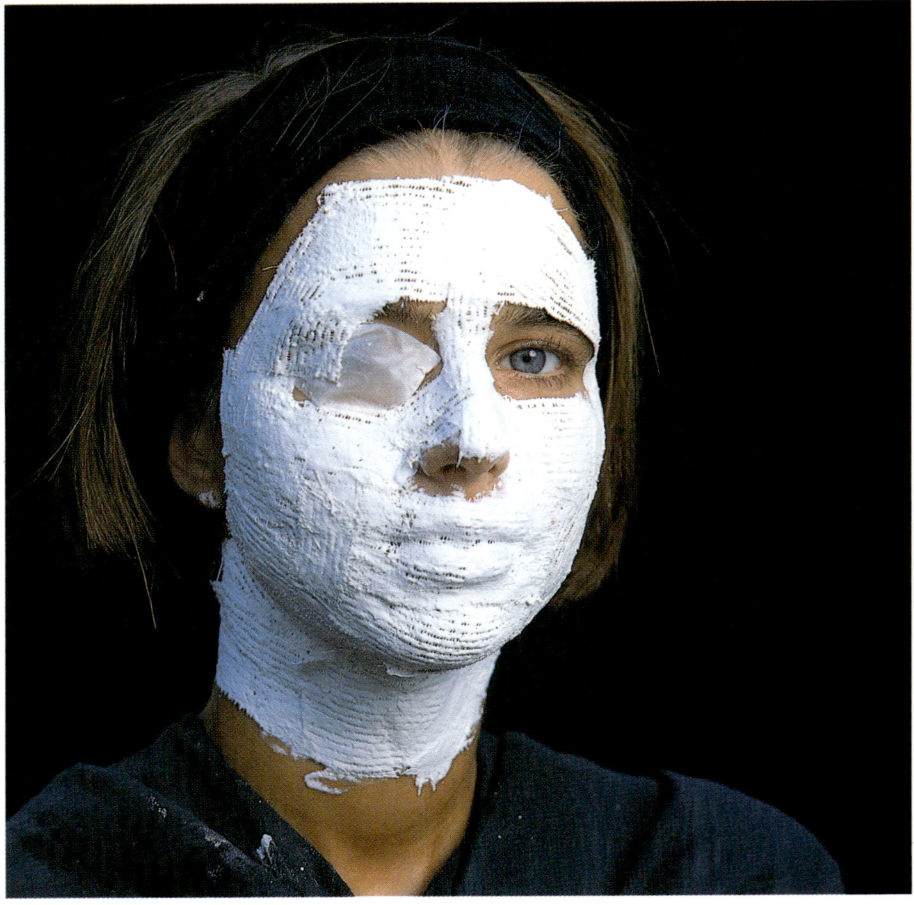

Die Partie der Augen und der Nasenflügel bzw. des Nasensteges kommt aus Rücksicht auf das Modell zum Schluß dran. Auf die geschlossenen Augen werden die angefeuchteten Papierblättchen gelegt und der Augenform möglichst genau angepaßt.

Es ist ratsam, die meisten Stellen, besonders aber die Randflächen mit einer zweiten Schicht von Gipsbinden zu verstärken.

aber nicht, denn das Modell muß noch durch seine Nasenlöcher atmen können.
Wenn Sie jetzt noch feststellen, daß an einigen Stellen der Belag der Gipsbinden zu dünn ist, können Sie ihn mit einer zweiten Schicht verstärken. Das empfiehlt sich besonders für alle Randbereiche.

Das Abnehmen der Gipsmaske

Bereits nach zehn Minuten hat der Gips so weit abgebunden, daß er fest ist und die Maske abgenommen werden kann. Während des Abbindens hat der Gips sich etwas erwärmt, was aber für das Gesicht nicht unangenehm ist. Das Abnehmen wird am besten dem Modell selbst überlassen; man kann lediglich an den Rändern etwas mithelfen. Falls einige feine Härchen versehentlich eingegipst wurden, sollte man diese abschneiden, um unnötige Schmerzen beim Herausreißen zu vermeiden. Durch Bewegen der Gesichtsmuskeln und langsames Lockern kann der Gipsabdruck ohne Probleme abgenommen werden, vorausgesetzt, die Haut war gut eingefettet.

Bereits nach einer Wartezeit von etwa zehn Minuten kann die Form abgenommen werden. Man sollte diese Arbeit dem Modell selbst überlassen. Durch Gesichtsbewegungen und vorsichtiges Lockern kann das Modell das Lösen der Maske erleichtern. Falls die Ränder am Haaransatz etwas haften sollten, kann man mit einem runden Modellierholz etwas nachhelfen, indem man unter den Rand fährt.

Erarbeiten einer Porträtplastik

Die vom Gesicht abgenommene Maske aus den erhärteten Gipsbinden dient jetzt als auszugießende Negativform für die eigentliche Porträtplastik. Diese Plastik ist in zwei unterschiedlichen Bearbeitungsformen herstellbar, entweder als Massivguß, bei dem der gesamte Innenraum der Negativform oder als sogenannter Maskenguß, bei dem nur eine 1 bis 2 cm dicke Wand mit Gips ausgegossen wird.

Vor dem Ausgießen muß zuerst die dünne und nicht belastbare Negativform verstärkt werden. Dazu wird auf die gesamte Außenhaut der Maske eine 1 cm dicke Gipsschicht mit einem Spachtel aufgetragen, auch über die noch offenen Nasenlöcher. Diese Schicht muß etwa 1/2 Stunde ruhen und fest werden.

Das Innere der Negativform wird dann gut mit Isoliermittel (Bodenwachs oder Vaseline) eingerieben: Nicht zu dick auftragen, damit sich keine Schlieren auf der Oberfläche bilden, aber auch nicht zu dünn, damit das Isoliermittel nicht vom Gips aufgesaugt wird. Gegebenenfalls kann noch eine zweite Isolierschicht darüber gepinselt werden. Für den Gipsguß muß die Negativform so gelegt werden, daß sie nicht kippen kann und die Ränder eine möglichst waagrechte Oberfläche als Abschluß bilden. Zur richtigen Lage wird die Negativform - auf der Nase liegend - zwischen Ziegelsteine oder andere schwere Gegenstände, z. B. Holzklötze, eingebaut.

Vor dem Ausgießen muß bereits entschieden sein, ob ein Massivguß oder ein Maskenguß gemacht werden soll. Danach wird die Gipsmenge zum Ausgießen bemessen. Das Ausgießen selbst ist bereits im Abschnitt „Gipsplastik über Tonmodell" beschrieben.

Für eine stehende Plastik ist der Massivguß vorzuziehen. Auf jeden Fall muß die Negativform wesentlich dicker ausgegossen werden als beim Maskenguß. Damit der flüssige Gips beim Massivguß an der Halspartie nicht ausläuft, wird die Öffnung vorher durch eine Tonplatte oder ein Brettchen abgeschlossen. Man kann aber auch den steifer gewordenen Gips mit einem Gummispachtel an der Innenseite des Halses hochziehen, so daß nichts ausläuft.

Beim Maskenguß reicht eine Gipsschicht von 1 bis 2 cm Dicke. Allerdings muß mit dem Spachtel soviel Gips an den Seitenwänden hochgedrückt werden, daß die Ränder 2 bis 3 cm dick werden. Der Abschluß des Randes wird dann geglättet und bildet von oben gesehen eine waagrechte Fläche. Eine Porträtplastik im Maskenguß ist trotz des dicken Randes noch so leicht, daß sie sich gut zum Aufhängen eignet.

Um eine solche Plastik aufhängen zu können, wird ein dickeres Stück Draht oder ein Eisenstäbchen von hinten in die noch weichen Gipsränder etwa in Höhe der Augen eingedrückt. Aufgipsen zu einem späteren Zeitpunkt ist auch noch möglich.

Wird ein Massivguß auf einem Sockel aufgestellt, muß ein Rundeisen in die Plastik mit eingegipst werden. Dazu wird das Eisen von unten tief in die Halspartie des noch nicht gehärteten Gipses gedrückt. Dabei bleibt der für die Befestigung im Sockel erforderliche Teil herausstehen. Für die Aufnahme des Rundeisens im Holzsockel wird mit einem Holzbohrer ein Loch gebohrt. Falls sie einmal bei einer Gipsplastik vergessen haben das Rundeisen einzugipsen, können Sie auf die gleiche Art wie beim Sockel ein Loch in den Gips bohren.

Der geeignete Sockel für Gipsplastiken kann sowohl aus Holz - naturbelassen oder farbig gestrichen - oder ein Gipssockel sein, der etwas aufwendiger in der Herstellung ist, aber sehr homogen wirkt. Die Herstellung von Gipsblöcken wird im Abschnit „Gießen und Bearbeiten von Gipsgrundformen" beschrieben.

Bevor Sie die Negativform vom Gipsguß nehmen können, muß dieser in warmer Luft mehrere Stunden durchgehärtet sein. Das gilt besonders für den Massivguß. Die Gefahr, daß feinere Teile des Gusses abbrechen, wird damit verringert.

Dann ist der spannende Moment des Abnehmens gekommen. Wer Glück hat, erhält nach einer guten Isolierung die Negativform als Ganzes. Ansonsten muß sie in Stücken abgetrennt werden.

Jetzt schaut uns ein bis auf die Poren exakt geformtes, noch „schlafendes" Gesicht mit rauher Haut an.

Kopf eines jungen Mannes (Vollplastik, Höhe 38 cm)
Die Abnahme des Gesichtes und des Hinterkopfes von menschlichem Modell erfolgt in zwei Arbeitsphasen. Die zwei entstandenen Negativformen werden zu einer Gußform zusammengesetzt und die Nähte vergipst. Anschließend erfolgt der Gipsguß, der nach dem Erhärten sorgfältig überarbeitet wird. Die Augen werden skizziert und mit oberem und unterem Augenlid plastisch harausgearbeitet. Die Pupille wird vertieft, um eine Schattenwirkung zu erzielen. Entsprechend verfährt man mit den Nasenlöchern. Haare, Augenbrauen und Ohren werden mit dickerer Gipsmasse modellierend auf die vorher angefeuchteten Stellen aufgetragen und strukturiert, bzw. mit einem Messer herausgearbeitet.

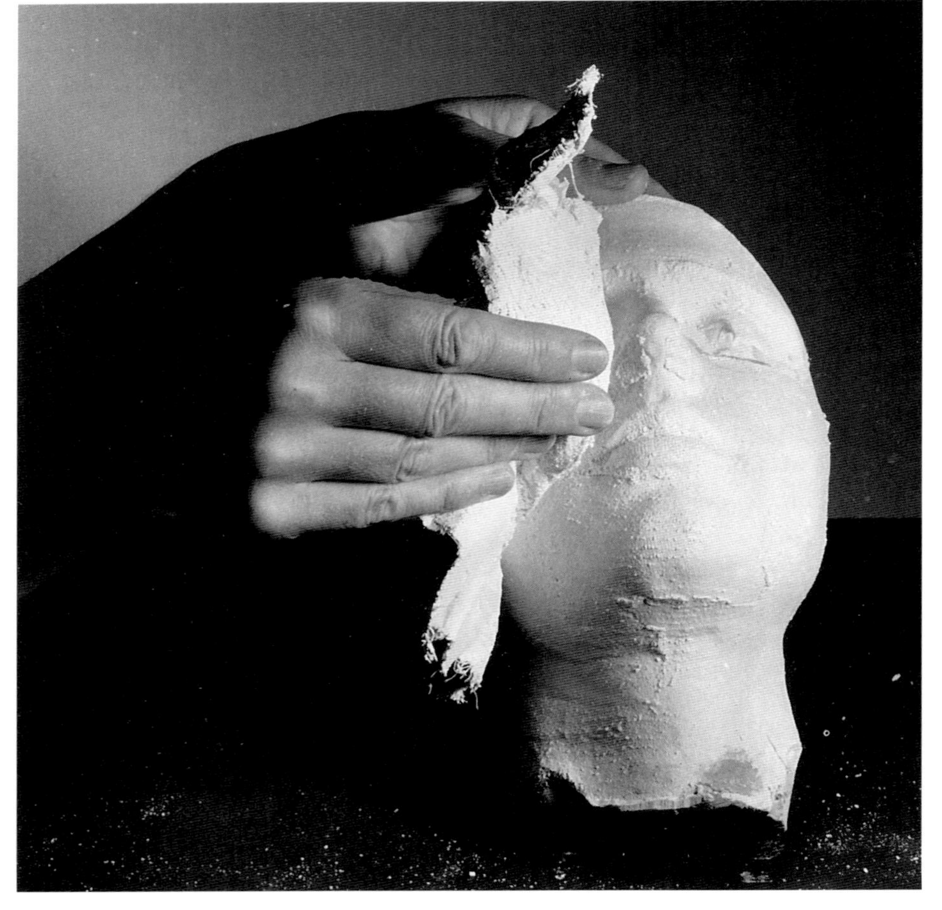

oben links:
Die mit Gips von außen verstärkte Negativ-Gesichtsform wird mit Steinen für den Guß fixiert. Das Halsende wird mit Holzstücken verschlossen, damit der Gips nicht auslaufen kann.

oben rechts:
In die isolierte Form wird der flüssige Gipsbrei gegossen. Leichtes Rütteln der Arbeitsplatte läßt die eingeschlossenen Luftbläschen aufsteigen.

Nach der Härtezeit von einigen Stunden (bei trockener Luft) kann die Negativform abgenommen werden. Bei guter Isolierung bleibt die Form oft als Ganzes erhalten. Ansonsten muß sie stückweise abgetrennt werden.

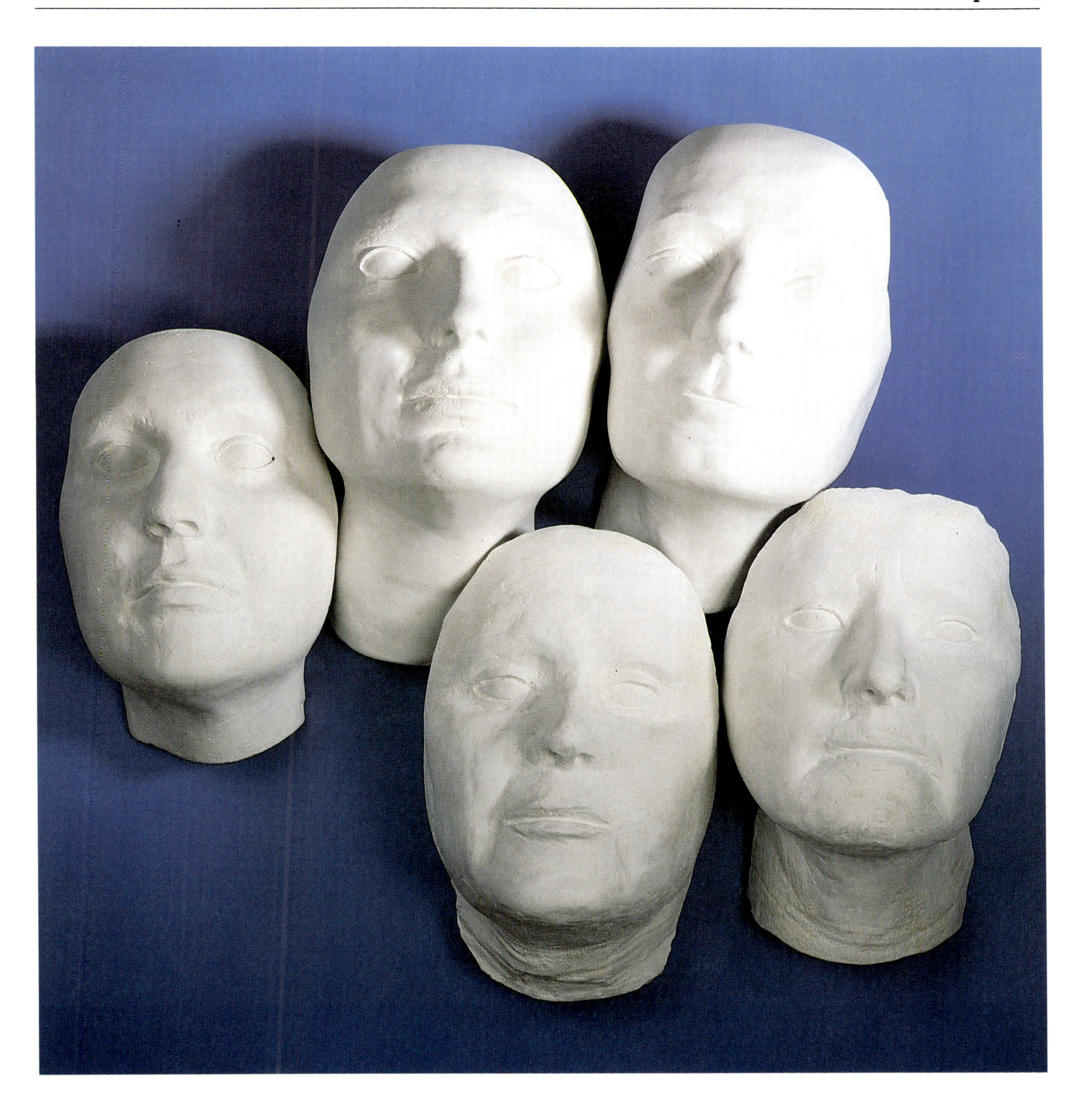

Gesichter-Charaktere (Porträtplastiken in Abnahmetechnik)
Eine Gruppierung weiblicher Porträts, vom jüngeren bis zum älteren Gesicht, reliefartig an der Wand aufgehängt, zeigen beispielhaft und in imposanter Weise die individuelle Vielfalt des menschlichen Antlitzes. Die weiße Farbe des Gipses wirkt interessant verfremdend, so daß der ursprünglich individuelle Ausdruck etwas Allgemeingültiges und Zeitloses erhält.

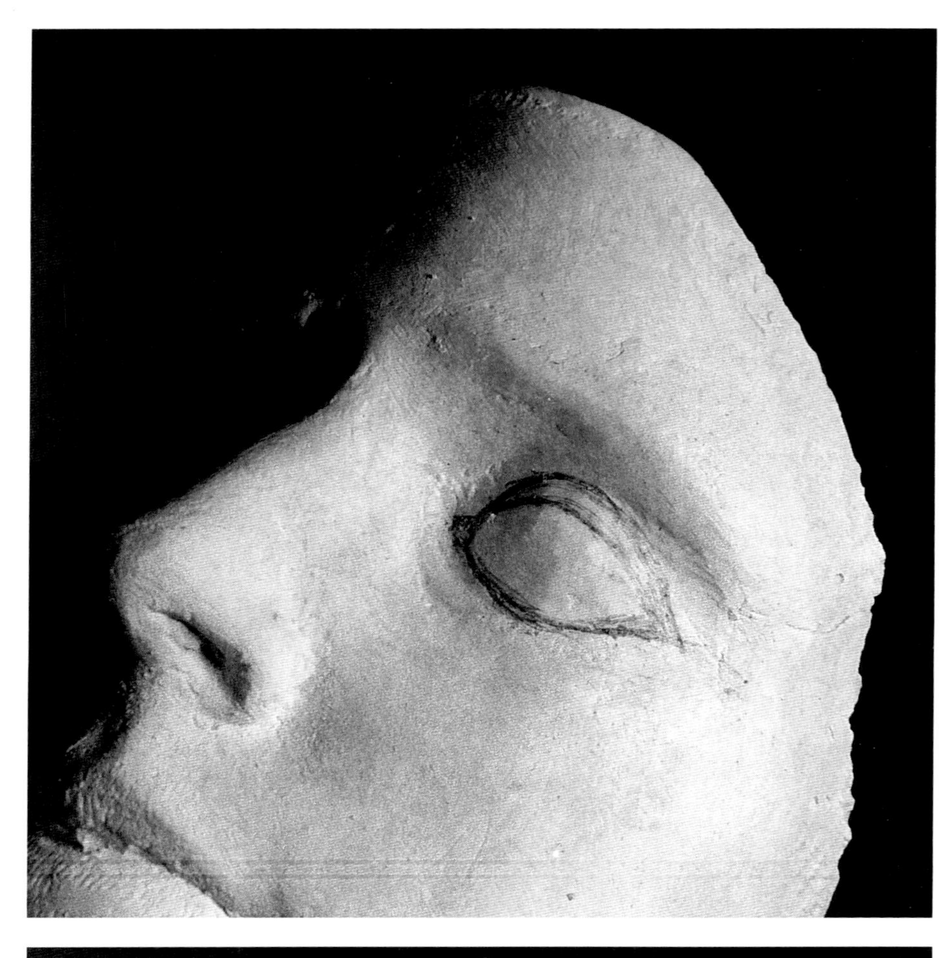

Die Augenpartie wird mit grobem Schmirgelpapier von Unregelmäßigkeiten befreit. Dann werden die Augenumrißformen und Augenlider mit Bleistift skizziert. Die unterschiedliche Breite des Lides ist zu beachten, die bei jedem Menschen verschieden ausfällt.

Weiterbearbeitung

Die Weiterbearbeitung von Augen und Nase erfolgt durch Schnitzen. Mit einem spitzen Messer, am besten eignen sich Holzschnitzmesser, werden die Nasenlöcher ausgehoben.

Da die Augen geschlossen und abgedeckt waren, ist meist nur eine leichte Wölbung erkennbar, die häufig noch von Falten des Augenschutzpapierchens durchzogen ist. Als erstes wird der Augapfel mit dem „schlafenden" Lid mit grobem Schleifpapier geglättet. Dann zeichnet man die Umrisse der Augen sowie die oberen Lider auf die gewölbte Stelle, nachdem man die Augen des Modells genau betrachtet hat. Länge und Breite, der Schwung der oberen und unteren Augenlinie sind bei jedem Menschen anders geartet. Ebenso ist vor allem das obere Augenlid von ganz unterschiedlicher Breite und mehr oder weniger in die Tiefe gehend, oder es ist ganz von der oberen Hautpartie (auf der die Augenbraue sitzt) verdeckt.

Mit einem spitzen Messer wird dann der Augapfel etwa 1 mm tiefer geschabt. Der Rand des oberen Lidbogens wird leicht vertieft. Das entstandene Augenlid, das nun plastisch hervortritt, wird noch abgerundet. Unter dem unteren Lid schabt man eine kleine Vertiefung heraus, um es plastischer werden zu lassen. Die Nasenlöcher werden mit einem spitzen Messer herausgekratzt.

Die Struktur der Gipsbinden und deren Überschneidungen bilden nach dem Guß eine ganz grobe Oberfläche. Mit verschiedenen mittel- bis feinkörnigen Schleifpapieren wird die Haut geglättet. Die Formen wirken dadurch straffer und geschlossener.

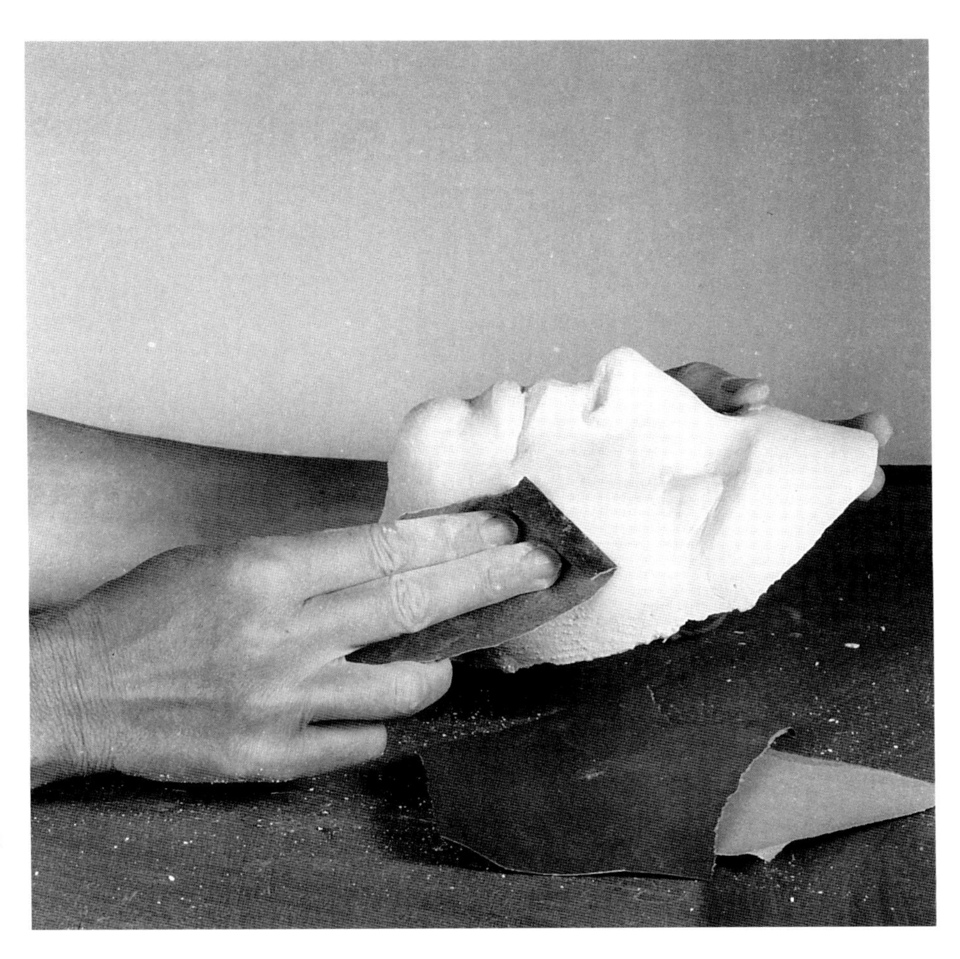

Diese Charakteristika können mit knappen Linien skizziert und dann mit dem Messer herausgeschnitzt werden. Man beginnt mit dem Herauskratzen einer Schicht des Augapfels, so daß dieser dann etwas tiefer als die Ränder liegt. Um das Lid weiter zu gestalten, wird die obere Augenlinie breiter und tiefer eingeritzt, dann die Kanten alle abgerundet. Unter dem Auge, dort wo das Papier vorher die natürliche Form der Haut verändert hat, schabt man leicht vertiefend auch etwas Gips ab.

Meist ist es noch nötig, die Augenhöhlen zwischen Nase und Augen noch etwas zu betonen. Dies sind die tiefsten und schattigsten Stellen eines Gesichts. Bei allem Können wirken die auf solche Art gestalteten Augen leider immer etwas tot. Sie blicken einen nicht an, denn sie besitzen weder Iris (die Regenbogenhaut), noch Pupille und Glanzlicht.

Auch viele klassische Köpfe der Antike wirken bei gleicher Augengestaltung etwas leblos. Doch bereits damals haben sich die Bildhauer einen optischen Trick einfallen lassen, der auch heute noch angewendet wird. Mit etwas Geschick gelingt dieser Trick auch Ihnen. Dabei wird die Pupille möglichst groß aufgezeichnet und dann als Vertiefung als rundes Loch herausgeschnitzt. Die so entstandene Schattenstelle täuscht beim Betrachter die dunkle Farbe der Pupille vor. Man kann Pupille und umgebende Iris in einem Stück herausschaben, oder man umrandet die Iris mit einer Einkerbung und macht als Pupille eine kleinere Vertiefung in der Mitte. Dabei wirkt eine besonders exakte Arbeit nicht so lebendig, da der Blick leicht zu starr wird. Also diesmal darf ausnahmsweise unsauber gearbeitet werden!

Nach diesen etwas kniffeligen Feinarbeiten folgen die einfacheren Schleifarbeiten am Gesicht. Sie sind einer kosmetischen Verjüngungskur der Gesichtshaut vergleichbar, denn die gesamte Gipsoberfläche ist von den Überlappungen und auch der Struktur der Gipsbinden gekennzeichnet. Zuerst werden mit mittelgrobem, dann mit feinem Schleifpapier alle Flächen geglättet.

Nach dieser einfachen Prozedur ist etwas „Straffes" in das Gesicht gekommen. Die einzelnen Formen erscheinen jetzt als geschlossenes Ganzes und haben individuelle Ausdruckskraft gewonnen.

Porträtplastik eines Mädchens (Höhe 26 cm)
Die Negativform wird mit Hilfe von Gipsbinden vom Gesicht abgenommen. Diese Form wird in Gips ausgegossen und der Guß später mit dem Schnitzmesser weiter bearbeitet. Vor allem die Augen, die ja zum Schutz mit feuchtem Papier abgedeckt worden sind, müssen ebenso wie die Nasenlöcher neu herausgekratzt werden. Mit Sandpapier werden die Strukturen und Überschneidungen der Gipsbindenstücke entfernt, so daß die Gesichtshaut glatt und straff wirkt.
Man befestigt die Porträtplastik mit einem Eisenstab auf einem Holzsockel.

Blauer Kopf (Dreiviertelansicht. Vollplastische Skulptur eines Porträtkopfes, Höhe 40 cm)
Die Abnahme des Gesichtes und des Hinterkopfes vom Modell erfolgt in zwei Arbeitsphasen: Zuerst wird das Gesicht bis zum Haaransatz und seitlich bis zu den Ohren abgenommen. Der Hinterkopf wird mit einer Plastikfolie bedeckt. Die Ränder der Gesichtsmaske werden mit einem Fettstift markiert, bevor die Maske abgenommen wird.
In der zweiten Arbeitsphase wird die Form des Hinterkopfes (hier mit Haarknoten) und der Ohren, die gut mit Watte zugestopft und eingefettet werden müssen, abgenommen (siehe auch Abbildung auf Seite 73).

Möglichkeiten der Verfremdung

Gipsgesichter können die Grundlage für ein phantasievolles Spiel mit den Formen und zur aussagestarken modernen Kunst sein.
Es lassen sich interessante Objektbilder mit überraschender Wirkung erarbeiten.

Den äußeren Rahmen für ein Objektbild kann ein größeres Brett oder ein daraus gezimmerter Holzkasten, mit seitlichen Leisten bilden. So ein Kasten gibt auch einen guten Halt und eine Abgrenzung für die hinzugefügten Materialien.

Das Zerteilen des Gesichtsporträts in Segmente erfolgt mit der Fuchsschwanzsäge. Vorher wurden Hilflinien mit Bleistift auf dem Gips aufgezeichnet.

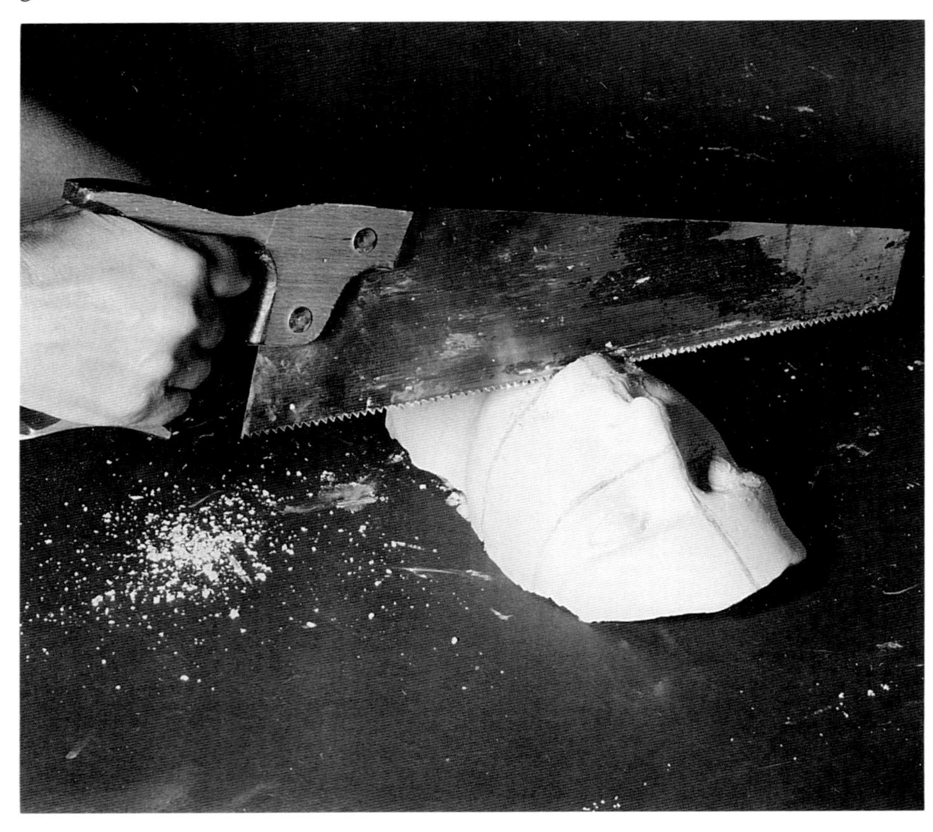

Der Vielfalt der schöpferischen Gestaltungsmöglichkeiten ist keine Grenze gesetzt. Hier nur einige Beispiele:
- Zerbrechen des Gipsgesichts in verschieden große Brocken (auf Steinboden fallen lassen). Diese werden in bestimmten Abständen wieder zusammengefügt und befestigt.
- Zersägen des Gipsgesichts in gleich große Segmente (Halbierung, Streifen, längs oder quer oder in einzelne Partien wie Augen, Mund, usw.)
- Reihung gleicher Gesichtsteile (z. B. nur Nasen von mehreren Abgüssen).
- Einbeziehung anderer Materialien wie

Metall: lange Nägel mit verschiedenen Köpfen (auch Hufnägel) können an manchen Stellen dicht nebeneinander in die Gipsoberfläche genagelt werden. Weiterhin können Rohrstücke, Raster, Blechstreifen, Ketten, Räderwerk (das Innere von Uhren) mit in die Komposition des Gesichts eingebaut werden.
Stoffe: Anstelle des harten, technischen Kontrastes durch die Metallteile ergibt sich ein weiches, schmückendes Element durch die Verwendung von Stoffen (Tücher, Schals, Federn, Netze, Schleier, usw.)
Pflanzliches Material: Moose, Blätter, kleine Äste, Tannennadeln usw. binden das menschliche Gesicht in den Wandel der Natur ein und deuten Vergänglichkeit an.

Mensch und Technik
(Grundplatte 35 x 50 cm)
Das Objektbild zeigt ein verfremdetes Gesicht. Ein gegossenes Gipsporträt wird waagrecht in vier Segmente zersägt. Die Negativform dafür wird direkt von einem weiblichen Gesicht abgenommen.
Die Teile werden mit kleinen Abständen auf einem Holzbrett von hinten mit langen Schrauben befestigt. Die Zwischenräume werden mit technischen Abfallstücken aus Metall und Glas (aus Uhren und Radios) ausgefüllt. Sie werden mit starkem Klebstoff befestigt. Die Arbeit lebt von dem Gegensatz zwischen den organischen, weichen Formen und den harten technischen Formen. Das Weiß des Gesichts bildet außerdem einen guten Kontrast zu den dunkleren, metallenen Gegenständen.

Befestigung

Leichtere Gipsstücke werden auf das Brett geklebt, schwere Stücke oder ganze Teile werden mit Schrauben befestigt, die von hinten durch das Brett führen und in den Gips geschraubt werden.

Komposition

Das Verteilen der zerbrochenen oder zersägten Gesichtsteile auf einer begrenzten Fläche sollte nicht willkürlich geschehen, sondern mit Gefühl für optische Wirkung zum künstlerischen Prozeß werden.

Dabei spielt der Abstand zwischen den einzelnen Teilen und deren Plazierung als Komponente einer Komposition eine ebenso große Rolle, wie die zur Verfremdung angewandten Mittel.

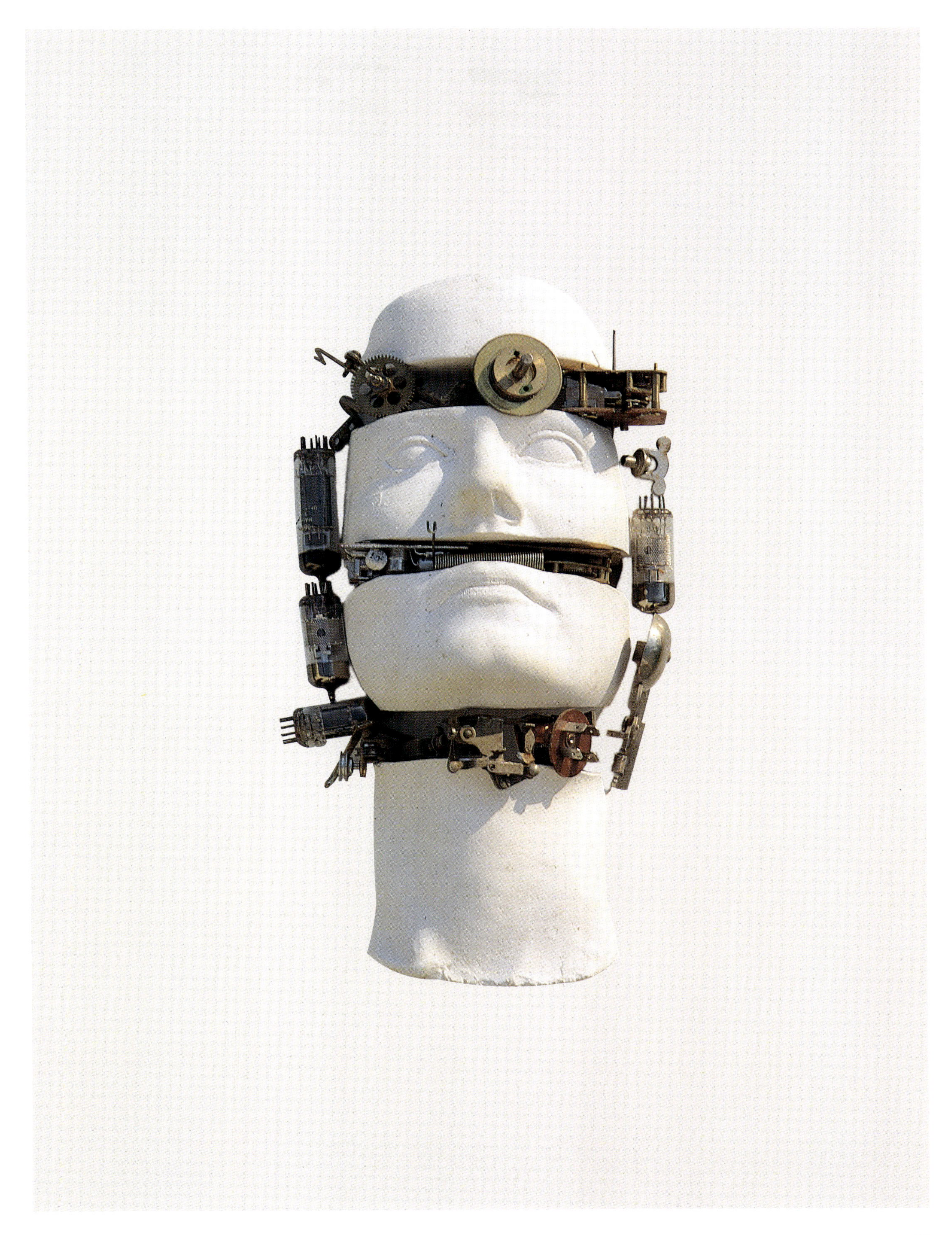

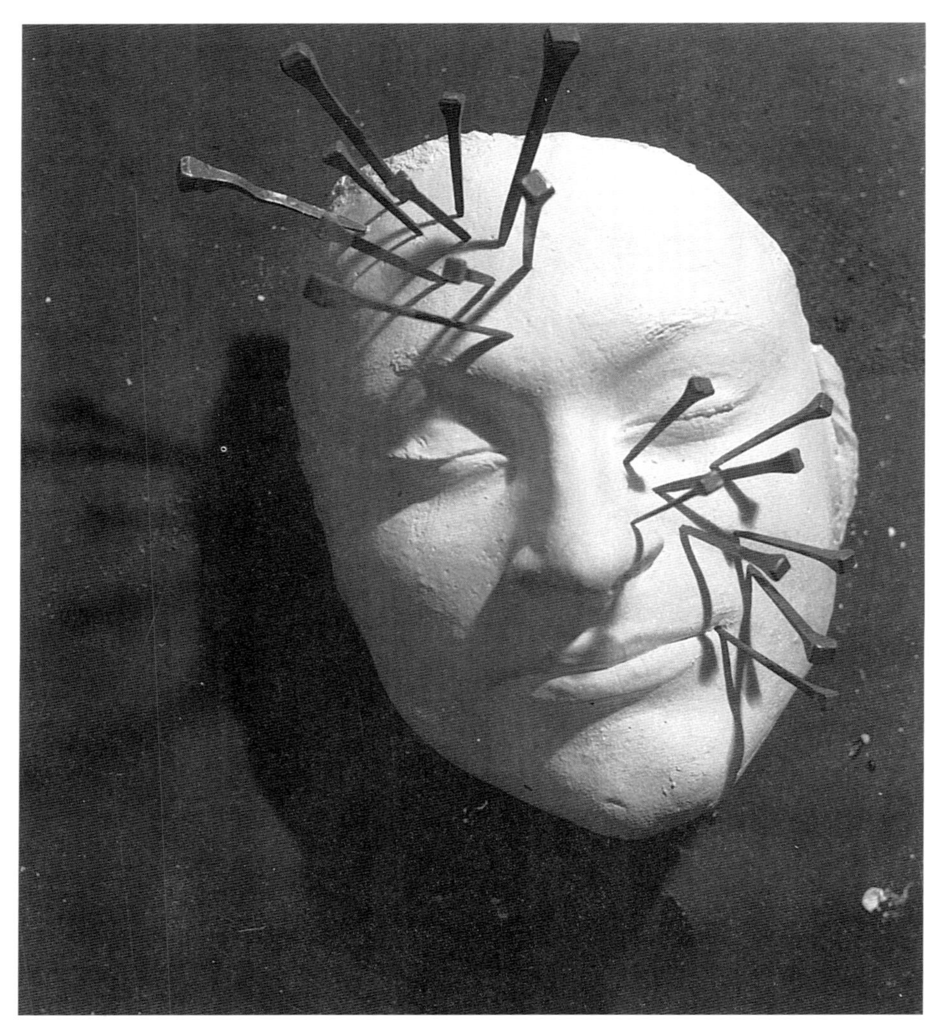

Einige Beispiele dafür, wie ein Gipsporträt unter Einbeziehung anderer Materialien wirkungsvoll verfremdet werden kann:

Lange Hufeisennägel werden in das Gipsgesicht geschlagen. In der Wirkung entsteht ein harter Kontrast zu den anderen Verfremdungsformen.

Lange Strähnen eines Haarteils werden weich um das Gesicht drapiert. Auf die Stirn wird ein Schmuckanhänger mit Glassteinen gelegt. Die Verfremdung liegt hier in dem Gegensatz von männlichem Gesicht und weiblichen Attributen!

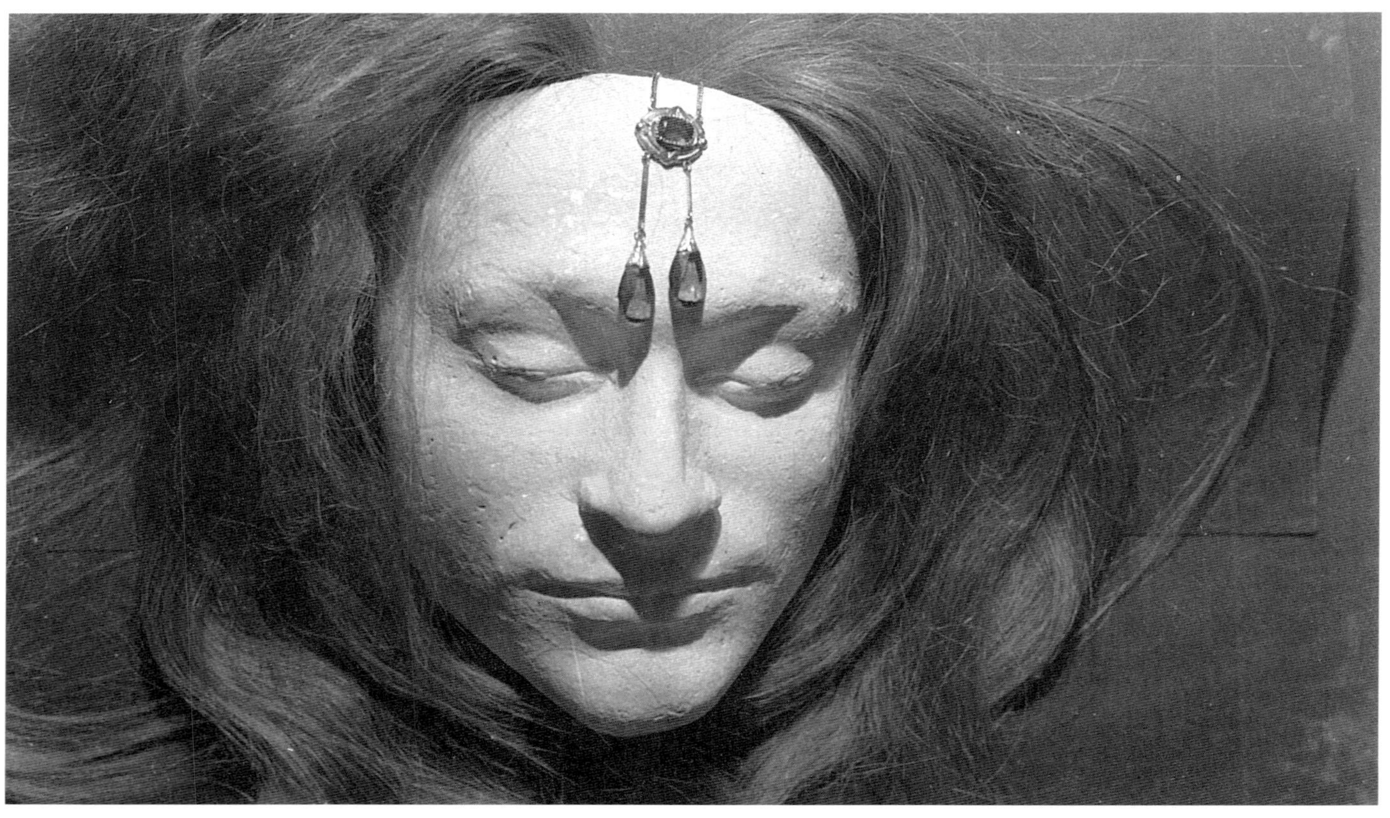

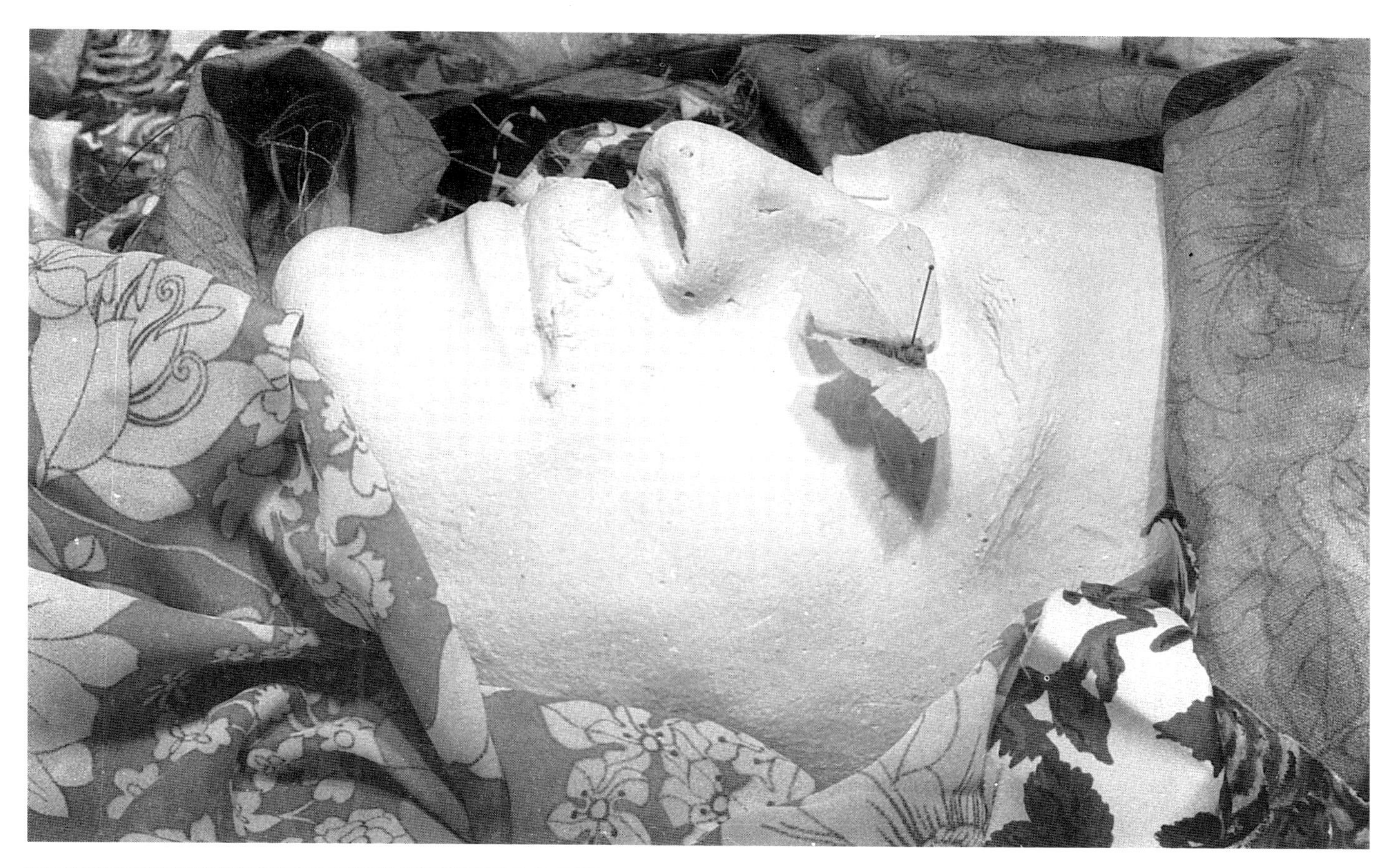

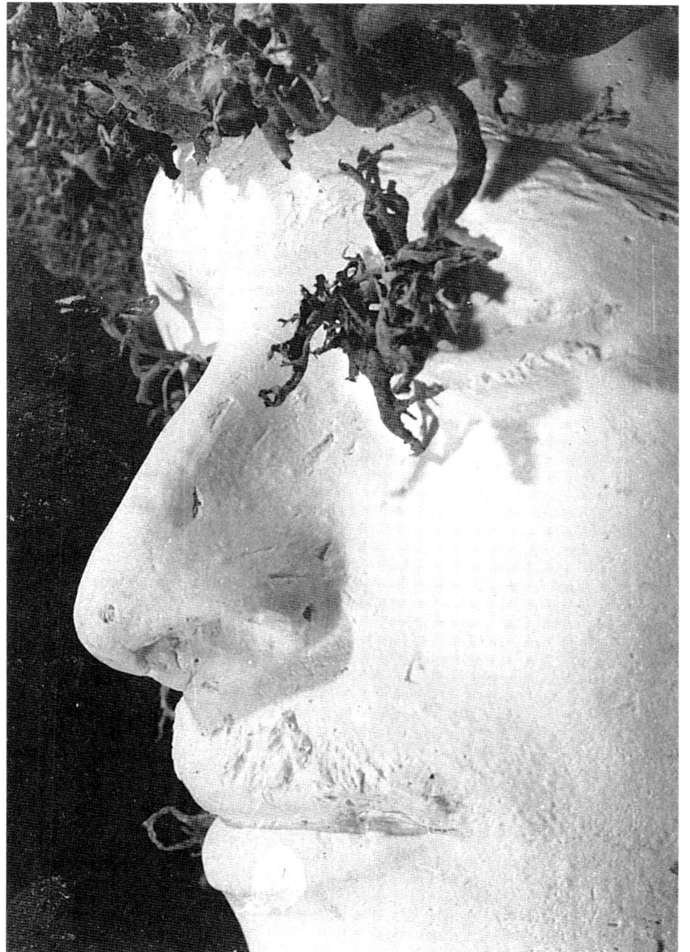

Ein präparierter Schmetterling wird auf eines der geschlossenen Augen geklebt. Blumige Stoffe unterstreichen das lyrische Element. Sie werden in lockeren Falten um das Gesicht gelegt. Das Ganze wird von einem Holzrahmen umschlossen.

Baummoose und Flechten werden auf Haaransatz und Augen gelegt. Man könnte die Vergänglichkeit alles Menschlichen oder das Zusammenspiel von Mensch und Natur daraus interpretieren.

Das auf den Boden geworfene und zerbrochene sowie von Nägeln gespickte Gipsgesicht soll das Thema „Zerstörung" ausdrücken und zum Nachdenken anregen!

Schwarze Lackfarbe wird teils über die Maske gegossen, teils mit dem Pinsel voller Schwung aufgespritzt. Dadurch entstehen moderne, rhythmische Schwarzweißmuster. Als Gag wird eine Kerze in die Bohrung eines Auges gestellt. Das Ganze könnte unter dem Motto „schwarzer Humor" stehen.

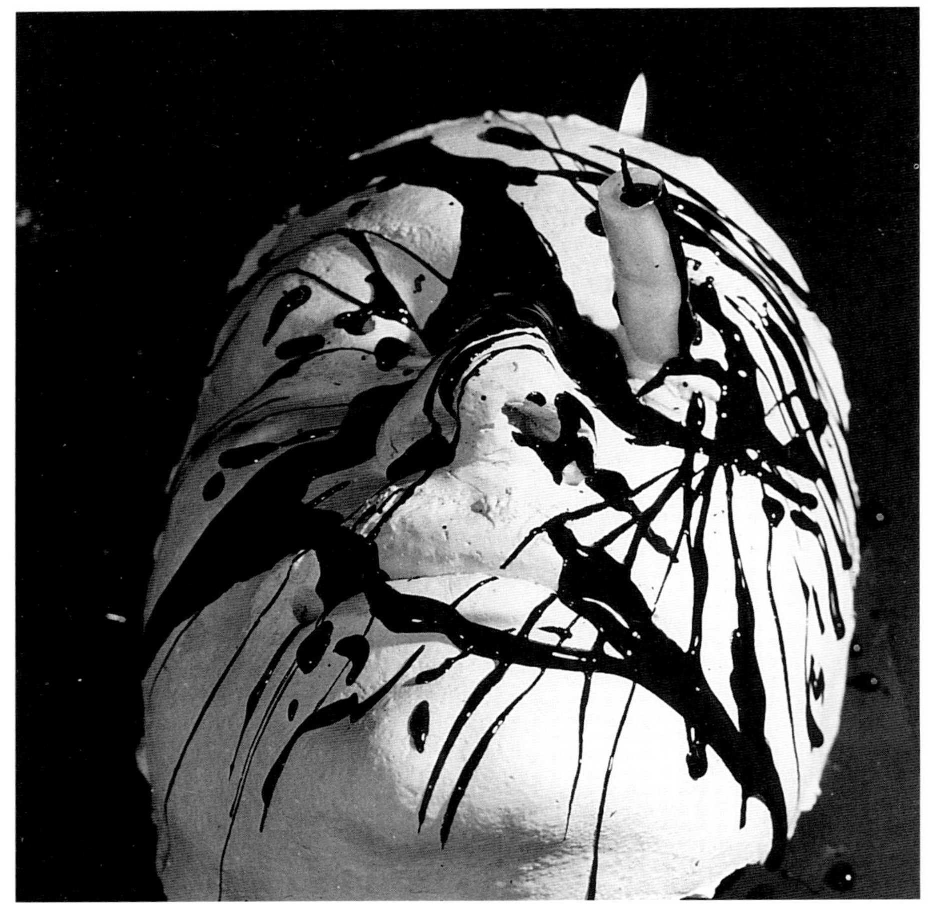

Blauer Kopf (Vollplastische Skulptur eines Porträtkopfes, Höhe 40 cm) Die Abnahme des Gesichtes und des Hinterkopfes vom Modell erfolgte auch hier in zwei Arbeitsphasen. Die zwei entstandenen Negativformen werden zu einer Gußform zusammengesetzt und die Nähte vergipst. Aus ästhetischen Gründen wird die Halspartie durch Ansetzen von Gipsbinden um die Halsöffnung herum verlängert. Zur Stabilisierung wird ein Stück Pappe in die Halsrundung gesetzt. Auf die Oberfläche wird mit Dispersionsfarbe in verschiedenen Blaustufen mit einem Schwamm aufgetragen. Damit die Augen lebendiger wirken, wird die Pupille herausgekratzt so daß eine runde Vertiefung entsteht, die dem Auge Ausdruck verleiht.

Herstellen eines Gipskopfes

Wen es reizt, nicht nur das Gesicht, sondern auch den Hinterkopf abzuformen, um auf diese Weise zu einer Vollplastik zu kommen, der kann dies in der gleichen Technik vornehmen wie bei der Porträtplastik. Dabei muß berücksichtigt werden, daß sich beim Abnehmen des Hinterkopfes nur die Kopfform abzeichnet. Die Frisur muß nachträglich frei mit Gips aufmodelliert und gestaltet werden. Übrigens läßt sich diese Abgußtechnik nicht nur bei einem lebenden Modell, sondern auch bei einem massiv aus Ton modelliertem Kopf anwenden.

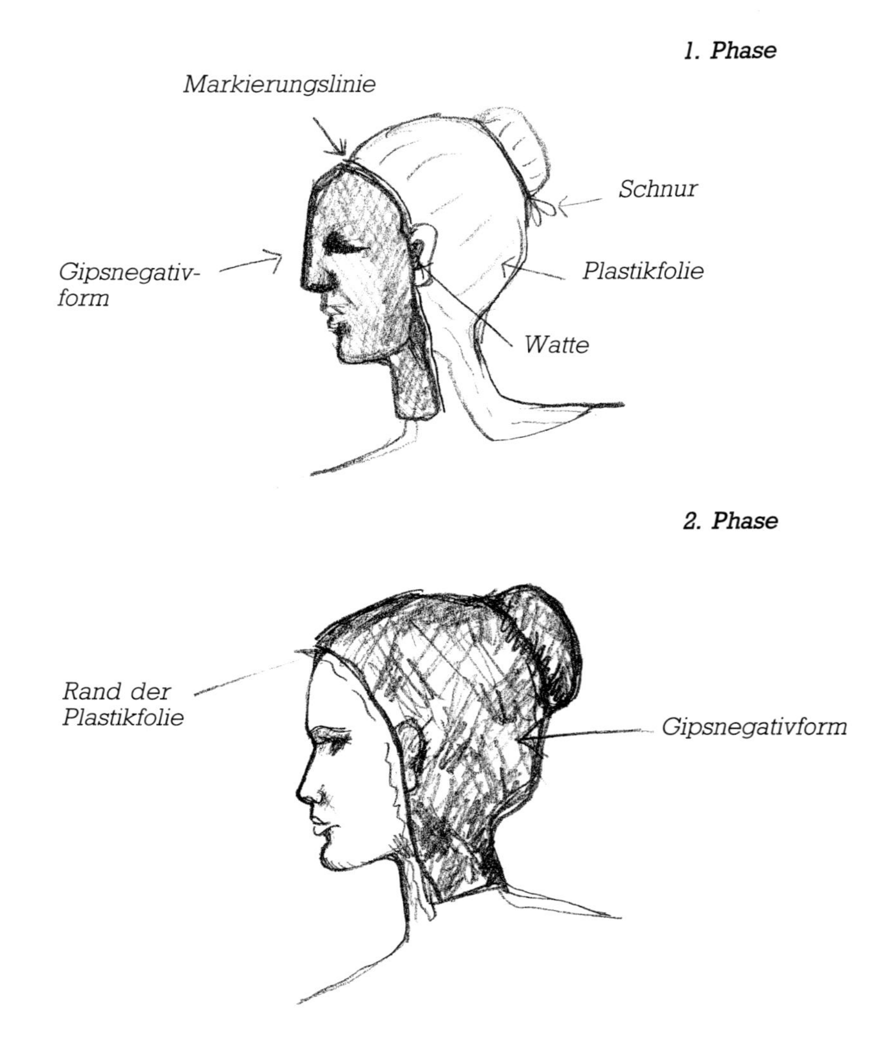

Technischer Vorgang

Vorbereitung des Modells

Die Haare werden in eine eng anliegende Badehaube mit glatter Oberfläche gesteckt oder mit Plastikfolie und Klebeband so gut wie möglich abgedeckt und befestigt. Die natürliche Kopfform sollte sich abzeichnen. Die Ohren, falls sichtbar, werden mit Watte verstopft, damit kein Gips eindringen kann. Ebenso wie das Gesicht muß die Gummi- oder Plastikoberfläche mit Vaseline oder Bodenwachs isoliert werden. Auch die hintere Halspartie, falls sie nicht bedeckt ist, darf nicht vergessen werden.

Das Abformen mit Gipsbinden

Man beginnt mit dem Abformen des Gesichts, wie es im Abschnitt „Erarbeiten einer Porträtplastik" ausführlich geschildert wurde. Bevor die Negativform vom Gesicht abgenommen wird, werden die Ränder mit einem Fettstift auf der Haut bzw. Plastikfolie markiert, damit später die zwei Negativformen von Gesicht und Hinterkopf exakt zusammenpassen.

Die Gipsbindenstreifen werden wie beim Gesicht mit Überlappungen, diesmal in breiten, langen Bändern über den Hinterkopf und hinteren Hals gelegt. An den Rändern muß die markierte Linie genau eingehalten werden. Nach der Trockenzeit (10 bis 15 Minuten) wird die Negativform abgenommen.

Bevor die zwei Formen von Gesicht und Hinterkopf zusammengesetzt werden, müssen sie innen mit Vaseline oder Boden-

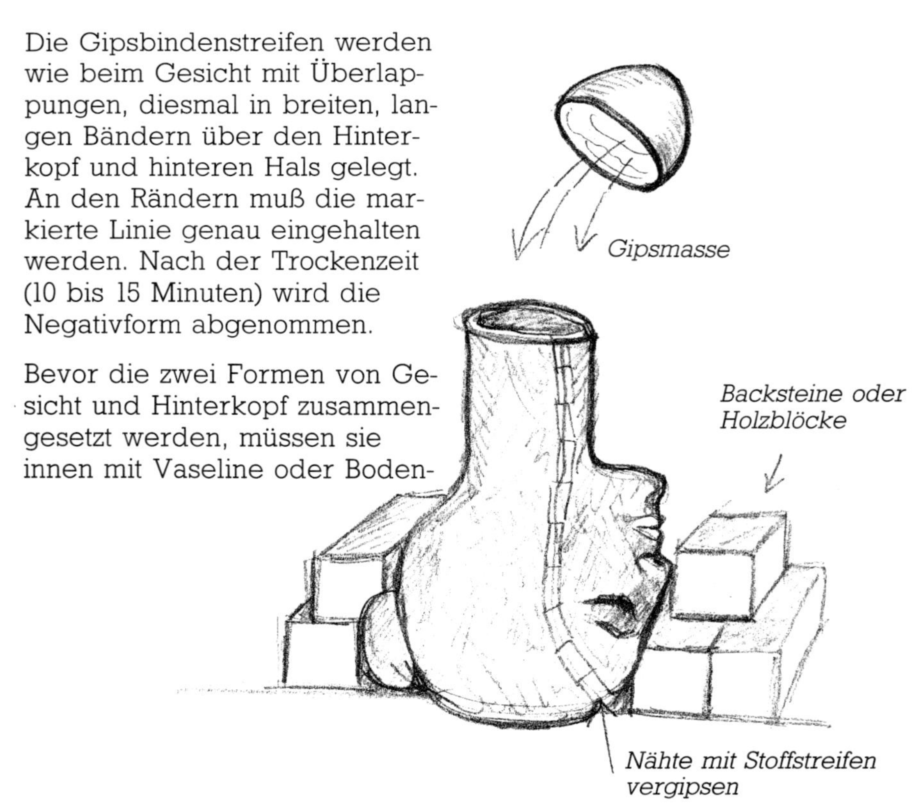

wachs isoliert werden. Dann fügt man sie Naht auf Naht zusammen. Die Nahtstellen werden mit weiteren langen Gipsbinden überdeckt.

Nun ist die Hohlform entstanden, die nur am Hals eine Öffnung besitzt. Da die Hohlform recht dünn ist und dem Druck des Gipsgusses nicht standhalten würde, muß die Außenseite dieser Negativform zuerst noch mit einer etwa 2 bis 3 cm dicken Gipsschicht verstärkt werden (Erhärtungszeit etwa 30 bis 40 Minuten).

Danach kann das Ausgießen beginnen. Die auszugießende Form wird so mit Ziegelsteinen oder Holzklötzen abgestützt, daß sie Halt hat und die Halsöffnung nach oben zeigt.

Die für den Guß benötigte Gipsmenge wird abgeschätzt, wobei der später einzufügende Kern aus Fremdmaterial (siehe unten) berücksichtigt werden muß. Das Ausgießen der Form muß nicht in einem Zug erfolgen. Es kann auch in zwei oder mehreren Etappen gegossen werden, denn die Schichten verbinden sich gut miteinander, auch wenn die untere Schicht bereits härter ist. Das Gießen in mehreren Etappen ist dann von Vorteil, wenn große Gipsmengen bei größeren Objekten verarbeitet werden müssen.

Das Eingießen erfolgt mit einem Becher langsam und dicht über der Halsöffnung, so daß möglichst wenig Luft in den Gips gelangt. Durch leichtes Rütteln der Form steigen eingeschlossene Luftblasen an die Oberfläche, die dort am Rand zerdrückt werden.

Einsetzen eines Kerns aus Fremdmaterial

Bei voluminösen Köpfen empfiehlt es sich, einen Kern aus Fremdmaterial miteinzugießen. Dieser kann aus Styroporteilen oder zusammengepreßten Zeitungen bestehen, die mit Draht zusammengehalten werden. Dieser Kern darf jedoch nicht größer als die Halsöffnung sein. Der Guß muß hier in mehreren Etappen erfolgen.

Wenn die Form zur Hälfte gefüllt ist, drückt man den Kern in den anziehenden Gips. Während der Gips für einen weiteren Guß angerührt wird, hat die vorhergehende Gipsschicht soweit angezogen, daß der Kern festsitzt und beim zweiten Guß nicht nach oben schwimmen kann. Da es sich um einen dickwandigen Guß handelt, muß man mindestens einen Tag Härtezeit ansetzen.

Abnehmen der Negativform vom gegossenen Gipskopf

Im Gegensatz zur Porträtplastik muß beim Abnehmen der Negativform vom gegossenen Gipskopf die Negativform zerstört werden. Sie geht also verloren und heißt deshalb auch „Verlorenform" und ist nur zum einmaligen Guß verwendbar. Beim Abnehmen wird mit Sticheisen und Fäustel (bzw. Hammer und Meißel) die obere, ursprünglich verstärkende Gipsschicht bis zu den Gipsbinden vorsichtig abgeklopft. Unter Zuhilfenahme einer Schere werden diese in größeren Stücken heruntergerissen.

Der fertige Kopfguß wird dann mit Schnitzmesser und Schleifpapier bearbeitet, wie es bereits bei der Herstellung der Porträtplastik beschrieben wurde. Allerdings müssen bei der Kopfplastik auch die Ohren, z. B. durch Vertiefen des Ohrloches, überarbeitet werden. Für die Frisur wird Gipsbrei mit einem Spachtel auf dem vorher angefeuchteten Gips der Plastik aufgetragen. Dabei gibt es viele Gestaltungsmöglichkeiten, vom groben, gestupften Auftrag für einen Lockenkopf bis zu glattgestrichenen, in Strähnen unterteilten Formen oder eingeritzten Partien, die glattes Haar darstellen sollen.

Das Gießen und Bearbeiten von Gipsgrundformen

Plastische Grundformen wie Würfel, Quader, Zylinder, Halbkugeln usw. sind relativ einfach herzustellen. Durch das Ausgießen vorgefertigter Formen erhält man Gipsteile aller Art und Größe. Beim Zusammenfügen der einzelnen Stücke kommt es zu einer spielerisch konstruktiven oder formal geprägten Gestaltung. Mit der Bearbeitung selbstgegossener Gipsblöcke nähern wir uns der Technik der Stein- und Holzbildhauerei.

Der gedankliche Prozeß während der Arbeit erfolgt entgegengesetzt zum Modellieren. Es ist ein Arbeiten von außen nach innen, ein stetes Wegnehmen von Material, bis die endgültige Form herausgeschält worden ist. Dieses Umdenken vom gewohnten „Modellierdenken" bei Gips, also dem Hinzufügen von Masse auf einen Kern bzw. ein Gerüst, ist anfangs etwas ungewohnt. Doch sind Fehler beim Schnitzen und Meißeln lange nicht so tragisch wie bei Stein und Holz. Ausbesserungsarbeiten lassen sich gut ausführen (siehe dazu den Abschnitt „Ausbesserungsarbeiten").

Neu und wichtig ist, daß bei dieser Technik das Konzept für das Endergebnis konkreter sein muß als bei den Modelliertechniken. Deshalb sind Entwurfskizzen (von verschiedenen Seiten) und (oder) kleine Tonmodelle als Hilfsmittel zu empfehlen. Als Anfänger sollte man sich nicht zu komplizierte Arbeiten vornehmen. Es ist zu empfehlen an kleinen Gipsklötzen erst einmal den vielleicht ungewohnten Umgang mit den Schnitzwerkzeugen und den Widerstand des Materials Gips zu erproben.

Der Vorteil von Gips ist, daß er weder Maserung noch Adern besitzt wie die Naturmaterialien Holz oder Stein. Seine Konsistenz ist an allen Stellen gleich und wirft in dieser Hinsicht keinerlei Probleme mehr auf, abgesehen von der starken Bruchgefahr. Mit Hilfe einer eingegossenen Armierung kann diese jedoch stark vermindert werden (siehe den Abschnitt „Ausbesserungsarbeiten"). Beim Schnitzen von Gips können fast alle Formen gestaltet werden, von groben bis ganz feinen, von kompakten bis durchbrochenen Elementen.

Komposition aus Grundformen
Ein Relief wird auf einer Holzplatte angeordnet. Quaderformen unterschiedlicher Größe werden aus Gips gegossen. Als Negativformen dienen zwei lange und mehrere kurze Holzlatten, die zu kleinen Kästen montiert werden. Zwischen den langen Latten werden die kurzen Lattenstücke in gewünschtem Abstand befestigt.
Die kleinen Halbkugeln werden mit Hilfe von Eierbechern gegossen. Da die Teile ziemlich leicht sind, werden sie lediglich mit Zweikomponenten-Kleber auf dem Brett befestigt.

Material und Werkzeug

Für Kuben:
Speziell zugeschnittene Bretter (am besten kunststoffbeschichtete Spanplatten)

Für Zylinder:
Metallrohre mit entsprechendem Durchmesser

Für Halbkugeln:
Bälle mit glatter Oberfläche (vom Tischtennisball bis zu verschiedenen großen Kinderspielbällen), Kugeln aus Holz, Metall, Styropor
Bodenwachs, Borstenpinsel, Gipsschüssel, Spachtel
Alabaster- oder Modellgips

Zum Bearbeiten des Gipses:
Schnitzmesser, Schleifpapier, eventuell Bohrmaschine (Holzbohrer), Holzsäge („Fuchsschwanz"), Raspeln, Feilen, Stecheisen, Meißel, Fäustel.

Gegossene Gipsblöcke: Quader, Zylinder, Halbkugeln, Gußstücke aus Bechern und Schüsseln. Zu sehen sind auch einige Formen, die man beim Gießen benötigt, wie ein dickes Kupferrohr (es wurde der Länge nach aufgesägt, um den Guß herauslösen zu können), Eierbehälter, Schale (ein Ball wurde zur Hälfte abgeformt).

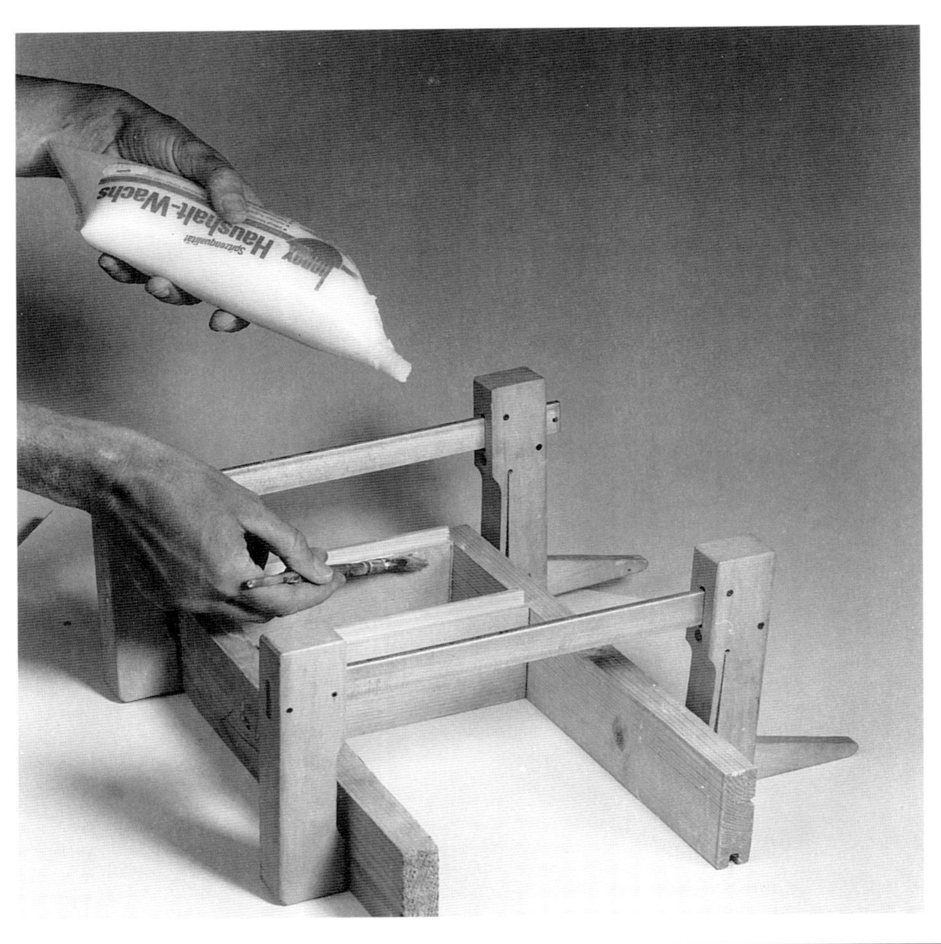

Zwei lange und zwei kurze Holzleisten werden in den Abmessungen mit Schraubzwingen zusammengehalten. Alles befindet sich auf einer Arbeitsplatte.
Mit Bohnerwachs werden die Innenflächen und der nicht sichtbare Boden des entstandenen Kastens ausgepinselt.

Das Gießen

Kubische Formen

Für kubische Formen wie Würfel, Quader usw. benötigt man zugeschnittene Bretter in der entsprechenden Größe. Beim Berechnen sollte man die Bretterstärke berücksichtigen!

Die Bretter werden zu einem oben offenen Kasten zusammengenagelt, geschraubt oder ganz einfach mit Schraubzwingen zusammengehalten. Es genügt auch ein bloßer Bretter- (bzw. Leisten-) Rahmen ohne Bodenfläche, den man auf ein größeres Brett legt. Die inneren Seitenflächen sowie die Bodenfläche werden mit Wachs isoliert.

Dann wird die flüssige Gipsmasse am Bretterrand langsam eingegossen. Der Tisch oder die Grundplatte werden leicht gerüttelt, damit eingeschlossene Luftbläschen aufsteigen können, die man mit einem spitzen Messer

Gipsbrei wird in einer solchen Menge eingegossen, bis die gewünschte Höhe erreicht wird.

Mit dem Gummilöffel wird etwas gerührt, um eingeschlossene Luftbläschen an die Oberfläche zu bringen, wo man sie am Rand zerdrücken kann.

Nach 30 bis 60 Minuten ist der Gips so fest geworden, daß man die Leisten entfernen kann und den fertigen Quader vor sich hat. Die Kanten können mit einem Messer noch glattgeschnitzt werden.

zerdrücken kann. Nach etwa 30 bis 60 Minuten ist der Gips bereits so fest, daß man die Bretter entfernen kann.

Genagelte oder geschraubte Kästen werden umgedreht. Mit einem Hammer oder Fäustel klopft man leicht auf die Boden- und Seitenwände, bis sich der Kubus herauslöst. Notfalls müssen die Seitenwände etwas gelockert werden.

Zylinderformen

Für Zylinderformen eignen sich Rohrsegmente mit beliebiger Länge und Durchmesser.

Diese Rohrsegmente erhält man aus Blechrohren (z. B. Dachabflußrohren), Kunststoffrohren oder dickeren Abwasserrohren. Um den Gipsguß aus der Form zu lösen, werden die Rohrsegmente vorher der Länge nach aufgesägt. Sie lassen sich später leicht aufbiegen. Die Gipsform rutscht dann heraus.

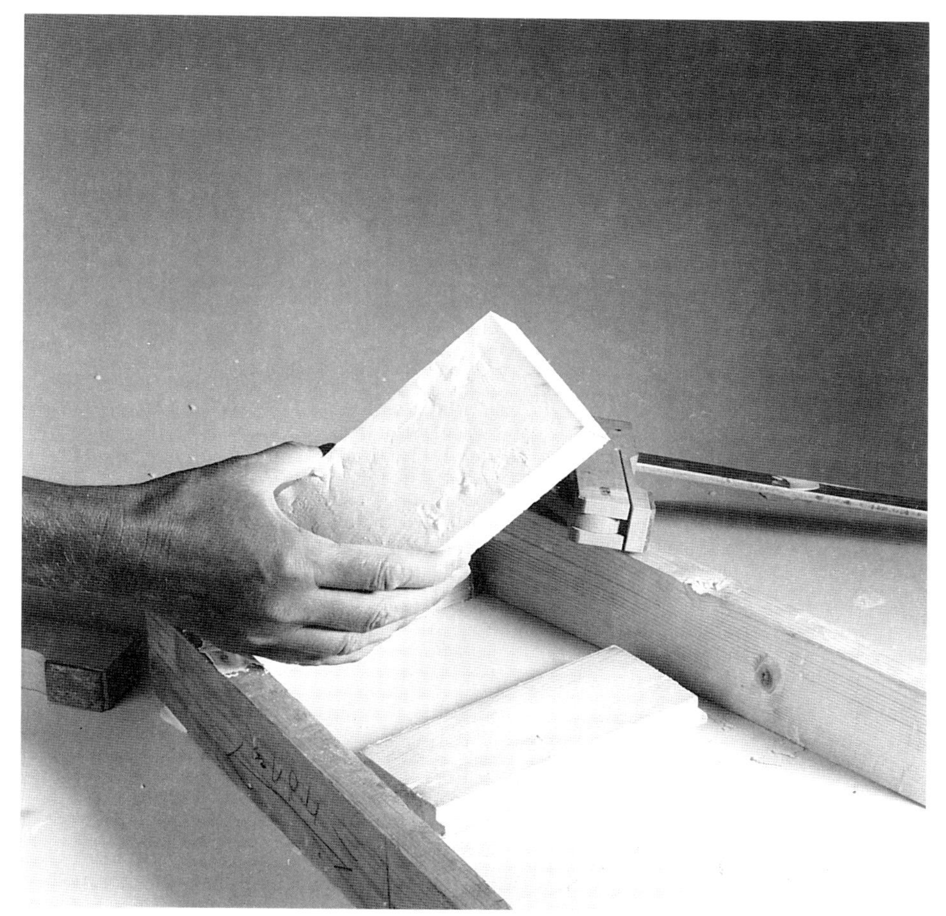

Gegossene Halbkugel mit vorher erarbeiteter Negativform, die für den Guß notwendig ist. Zu sehen sind Werkzeuge zum Entfernen der Form: Klöppel, Sticheisen und zum Überarbeiten: Schleifpapier.

Hier dient ein Kinderball als Abgußmodell. Der Ball wird auf einem Brett von Holzklötzchen und -leisten fixiert. Diese sollen außerdem als Stütze für den Tonrand dienen.

Kurze Blechrohre lassen sich gegebenenfalls noch mit Hand-(Metall-) Sägen in Segmente teilen, doch längere Stücke und vor allem die dickwandigen Eisenröhren sind nur mit Schleifmaschinen mit aufgesetzter Trennscheibe zu halbieren. Hier sind zwei gegenüberliegende Schnittstellen zu empfehlen. Sie werden von außen mit einem Tonwulst zusammengedrückt.

Bevor die Rohrsegmente vor der Füllung mit Gipsbrei mit ihren paßgenauen Schnittstellen wieder zusammengesetzt werden, wird die Innenseite mit Wachs isoliert, damit sich die Gipsform auf alle Fälle gut lösen läßt.

Isoliert werden muß auch die Bodenfläche, auf der die beiden Halbschalen senkrecht stehen. (Bei längeren Segmenten empfiehlt sich zusätzlich beide Teile mit einem Klebeband zusammenzuhalten). Dann kann der Guß erfolgen.

Halbkugeln

Zur Herstellung von Halbkugeln benötigt man eine halbrunde Negativform, wozu sich auch industriell vorgefertigte Halbschalen eignen, z. B. Plastikschüsseln, deren Böden ganz gerundet sind, bestimmte Eierbecher usw.

Muß eine Negativform erst hergestellt werden, kann sie mit Hilfe eines Balles oder einem anderen kugelförmigen Objekt entstehen. Aufgebaut wird die Negativform mit Hilfe von Tonmaterial. Um kleine Halbkugeln zu erhalten, werden kleine Bälle oder Kugeln aus Glas, Metall usw. direkt in eine Tonmasse mit glatter Oberfläche bis zur Hälfte eingedrückt.

Bei größeren Rundformen muß ein Tonstreifen als halbierender Randkragen (wie ein Ring um den Planeten Saturn) um die Mitte des Balles oder der Kugel gedrückt werden (etwa 2 bis 3 cm breit und 1 cm dick). Damit

Der Tonrand entsteht durch Auswalzen einer Tonrolle (etwa 1 bis 2 cm stark) und wird genau um die Mitte des Balles gelegt, wo er mit Hilfe eines Modellierholzes angedrückt wird.

Auf dem äußeren Tonrand wird eine Tonmauer mit einer Höhe von 4 bis 5 cm und 1 cm Stärke befestigt. Mit einem Modellierholz oder Finger werden die Nähte innen und außen gut verstrichen.

Nach dem Isolieren der oberen Ballhälfte mit Wachs oder Öl wird der Gipsbrei darüber und in den Raum zwischen Ball und Tonmauer gegossen.
Wenn der Gips dicker wird, kann noch mehr Masse mit dem Spachtel aufgetragen werden (Mindeststärke 2 bis 3 cm). Nach dem Erhärten wird die ganze Sache umgedreht, und die Tonränder werden entfernt.

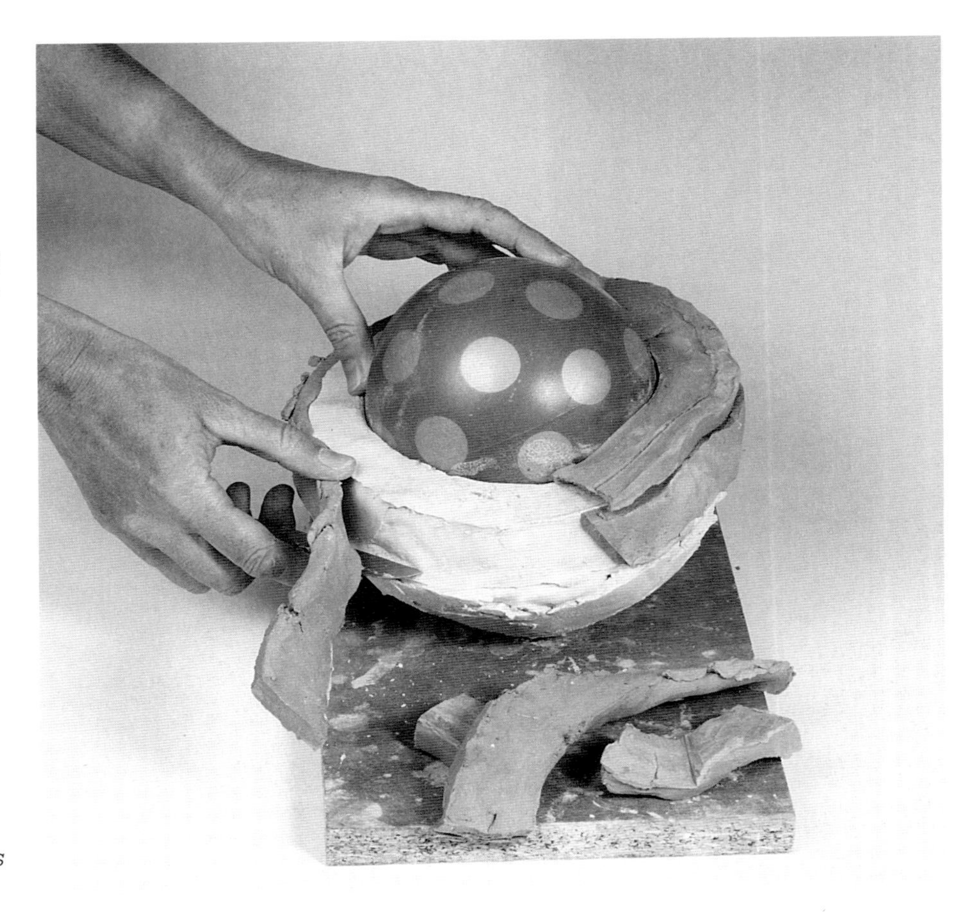

Der Ball wird herausgenommen, die Form mit Wachs isoliert und mit Gips ausgegossen.

der Tonring nicht herunterrutscht, muß er zumindest an einigen Stellen auf festen Gegenständen (Holzklötzen, Leisten, Tonklumpen) aufliegen. Auf dem äußersten Rand des Tonringes wird eine Tonmauer mit 4 bis 5 cm Höhe und 1 cm Dicke aufgebaut. Mit einem Modellierholz oder Finger werden die Nähte zwischen den Tonteilen innen und außen gut verstrichen. Diese Tonmauer dient dazu, die eingegossene Gipsmasse zu halten. Deshalb muß sie so dick gebaut werden, daß sie dem Druck des Gipses standhält.

Der oben sichtbare Teil der Halbkugel wird mit Wachs isoliert. Dann wird der angemachte Gipsbrei darüber gegossen und in dickerem Zustand mit dem Spachtel aufgetragen. Es soll eine möglichst gleichmäßig starke Schicht entstehen, die je nach Größe der Kugel von 2 bis 4 cm dick ist.

Bei dieser einfachen Halbkugel löst sich der Guß meist schon nach einigen Schlägen mit Hilfe des Klöppels und des Stecheisens aus der Form.

Da der weiche Gips anfangs von der glatten Rundung zum Tonrand abläuft, muß er immer wieder nach oben verfrachtet werden, so lange, bis er dort haften bleibt. Nach einer halben bis einer Stunde kann das ganze Gebilde umgedreht werden. Der Tonrand wird entfernt und die Kugel wird vorsichtig herausgenommen.

Wichtig: Die Halbkugel darf nie mehr als die genaue Hälfte ausmachen, sonst kann es nämlich passieren, daß die Kugel nicht mehr oder sehr schwer aus der Gipsform zu lösen ist.

Die fertiggestellte Negativform wässert man kurze Zeit. Die Innenfläche wird anschließend mit einem Lappen abgetupft und dann mit Wachs isoliert und mit Gipsmasse ausgegossen. Nach Einhaltung der üblichen Wartezeit (einige Stunden bis zu einem Tag) wird die Negativform mit Hilfe von Stecheisen/Meißel und Klöppel vom Guß befreit (siehe dazu Abschnitt „Variante: Abformen und Ausgießen einer Gips-Negativform von einem Tonrelief"). Doch löst sich bei dieser einfachen Rundform der Guß meist bereits nach einigen Schlägen heraus.

Die gegossenen Teile werden mit Schleifpapier geglättet und sämtliche Ränder überarbeitet.

Das Zusammenfügen

Wie Kinder sich am Spiel mit Bauklötzchen begeistern, so können hier auch Erwachsene einmal allen gedanklichen Ballast über Bord werfen und zu spielen versuchen, aus bloßer Freude am Spiel, das keine Funktion hat und keinen Zweck verfolgt.
Die Phantasie kann sich beim Bauen, Konstruieren und Aneinanderfügen von Teilen und Segmenten frei entfalten.

Geht man einen Schritt weiter, dann nimmt man als weiteres Element eine spannungsreiche Komposition hinzu (Formgegensätze, Akzentsetzung, Umrißformen usw.). Vor Übertreibung wird allerdings gewarnt: Man darf nicht alles in ein einziges Objekt packen wollen. In der Beschränkung auf wenige Elemente, die aber gekonnt eingesetzt werden, liegt die Kunst.

Gipsmodell für eine Brunnenanlage (40 x 60 cm)
Aus gegossenen Gipsblöcken (zum Teil zersägt) wird diese spielerische Komposition angeordnet. Befestigt werden die Teile auf einer Holzplatte mit dünnflüssigem Klebstoff. Zum Teil werden dünne Eisenstäbschen eingesetzt, um dem Modell Stabilität zu geben.

Technischer Vorgang

Die Gipsteile werden zusammengeklebt, wenn es sich um kleinere Teile handelt, die keinem Druck ausgesetzt sind. Damit die Klebeflächen nicht zu dick werden, wird kein Gips, sondern möglichst dünnflüssiger Klebestoff verwendet (Allzweckkleber für Plastik, Stein, Keramik).

Größere, schwere Teile oder solche, die an einer senkrechten Fläche angebracht werden sollen, verbindet man mit Befestigungsstiften, die in die angebohrten Gipsflächen geklebt werden. Als Stifte eignen sich am besten kleine Stücke von dünnen Rundhölzern.

Phantasiebauten (Höhe 28 cm)
Aus gegossenen Grundelementen in Quader- und Würfelform entsteht ein architektonisches Gebilde. Die abgeschrägten Teile werden zurechtgesägt. Man befestigt die Elemente mit dünnflüssigem Klebstoff auf einem Holzbrett.

Das Bearbeiten durch Sägen, Schnitzen, Feilen

Beim Bearbeiten der Grundformen spielt die Größe des Gipsblockes eine entscheidende Rolle. Bei kleineren Blöcken, sprich Klötzen, wird die Masse ausschließlich durch Sägen, Feilen und Schnitzen entfernt. Dabei werden die Klötze mit einer Hand gehalten, während die andere das Werkzeug führt. Um das Abbrechen von Ecken und Kanten zu vermeiden, werden größere Objekte auf eine weiche Unterlage (Lappen oder Schaumgummi) gelegt.

Ein gegossener Gipsquader und die zur Bearbeitung notwendigen Werkzeuge: Fuchsschwänze, Klöppel, Stecheisen, Raspeln und Messer.

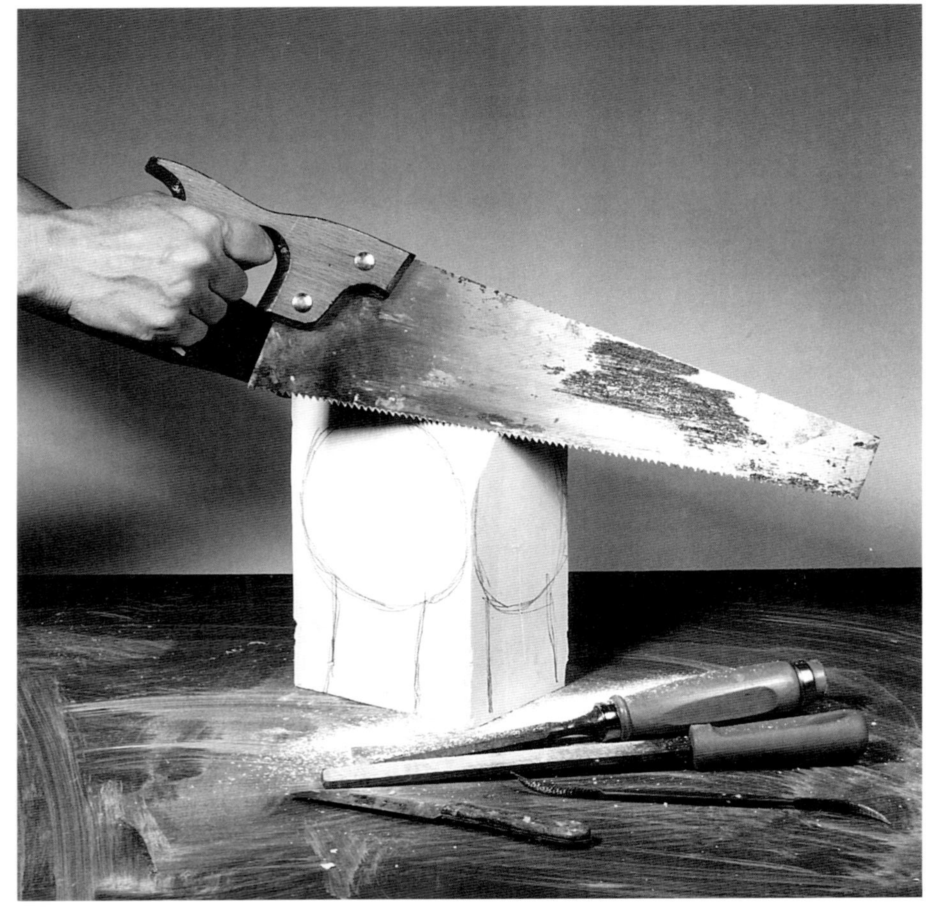

Auf den Seitenflächen und der oberen Fläche werden die gewünschten Konturen grob aufgezeichnet. Mit der Fuchsschwanzsäge werden die Kanten abgesägt.

*Kopf Thusnelda (Höhe 30 cm)
Dieser Kopf wird aus einem gegossenen Gipsblock geschnitzt. Auf allen vier Seitenflächen des Blockes wird das Porträt aufgezeichnet (Vorderansicht, Profil und Hinterkopf). Die groben Umrisse werden mit dem Stecheisen und Klöppel herausgearbeitet, die Details mit (Schnitz-) Messern herausgeholt. Zu den differenzierten Gesichtszügen bildet die stilisierte Frisur in glattgeschliffener Form eine geschlossene, ruhige Silhouette.*

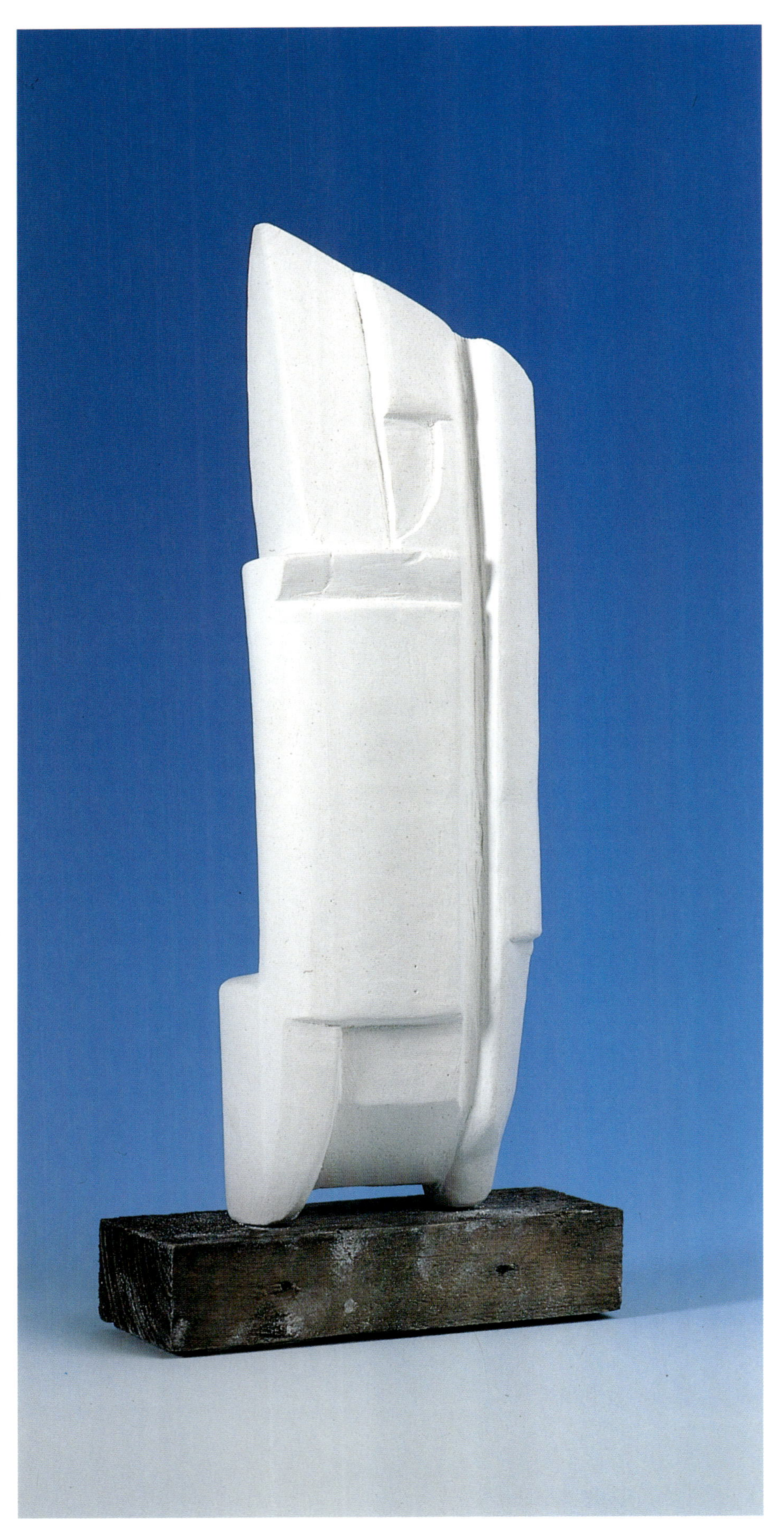

Abstrakte Stele (Höhe 28 cm)
Aus einem gegossenen Gipsblock heraus wird ohne vorherige Planung gearbeitet. Mit einer Fuchsschwanzsäge werden verschiedene Schnitte gemacht. Daraus entwickelt sich die weitere formale Gestaltung, die mit (Schnitz-) Messern ausgeführt wird. Da der Block relativ schmal ist und die Standflächen sehr klein, muß die Arbeit auf einem Sockel (mit Eisenstiften) befestigt werden.

Bei größeren Gipsblöcken wird mit Sticheisen, Meißel und Fäustel stückweise Masse abgeklopft und abgesprengt. Dabei muß der Gipsblock so befestigt werden, daß er bei der Arbeit nicht verrutschen kann. Man legt deshalb seitlich und hinter den Block Ziegelsteine oder spannt ihn zwischen Holzleisten, die mit Schraubzwingen am Tisch befestigt werden. Während der Arbeit wird man den Block immer wieder in seiner Lage verändern und neu befestigen müssen. Optimal ist die Bearbeitung in einem großen Eimer oder einer Wanne mit Sand, in die der Gipsblock gelegt wird. Der Sand ist flexibel und bei Druck zugleich fest, so daß er die ideale Auflage beim Abklopfen ist.

Vor der Bearbeitung werden die geplanten Umrißformen auf den vier Seiten und der oberen Fläche des Blocks aufgezeichnet. Mittellinien werden vertikal und

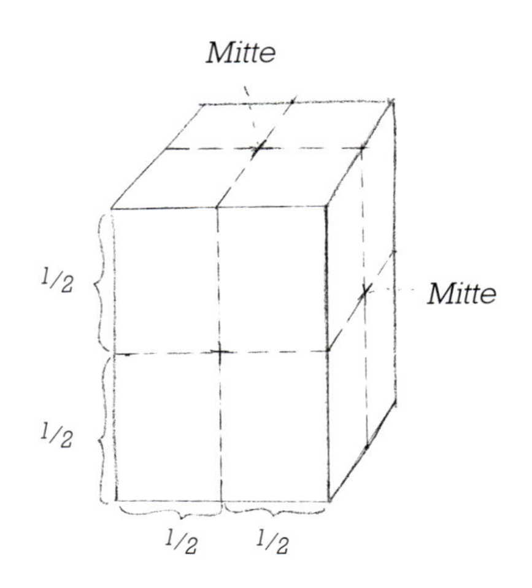

horizontal auf jeder Seite gestrichelt angedeutet. Dann wird schrittweise rund um den Block gearbeitet, vom groben Umriß bis zur detaillierten Ausarbeitung.

Man beginnt am besten bei den oberen Kanten. Der Meißel bzw. das Sticheisen wird immer schräg nach außen gehalten und zeigt immer weg vom eigenen Körper und weg vom Zentrum des Blockes. Durch eine kurze ruckartige und hebelnde Bewe-

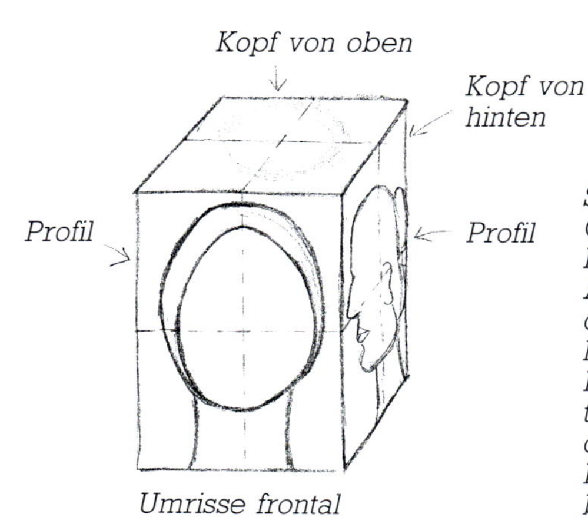

Sphinx (Höhe 16 cm)
Gegossene Gipspyramide, die mit Hilfe einer Sperrholzform entstand. Aus der gegossenen Pyramide werden auf zwei Seitenteilen menschliche Gesichtszüge herausgeschnitzt. Dabei wird eine Kantenlänge zur Mittellinie des Gesichts, die genau über den Nasenrücken läuft.
Die anderen beiden Seitenflächen bleiben unbearbeitet.

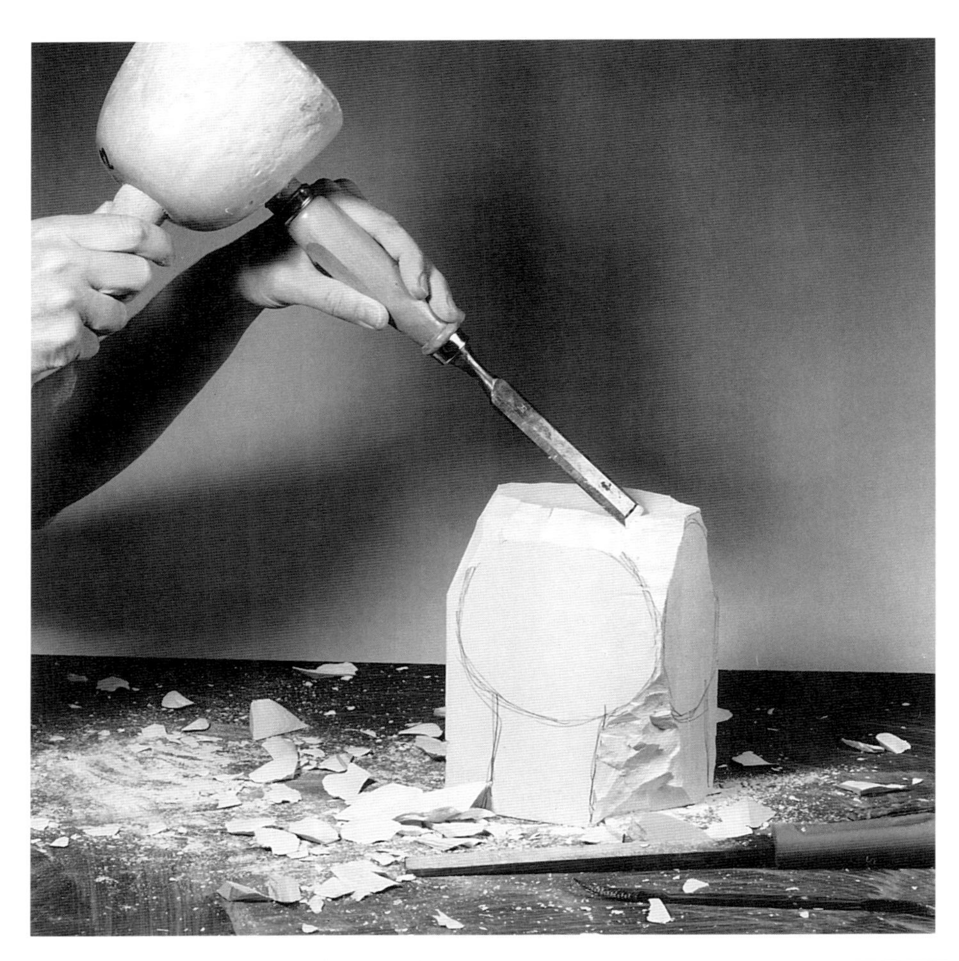

Dann arbeitet man in skulptierender Weise die groben Umrisse mit breitem schmalem Sticheisen heraus.

Mit der schmalen, gebogenen Raspel können Details, wie hier die Augen, bearbeitet werden. Der Augapfel sowie das obere Augenlid müssen sich plastisch harauswölben, nicht nur von einem Augenwinkel zum anderen, sondern auch von oben nach unten.

gung der den Meißel führenden Hand während des Schlages werden größere Stücke abgesprengt. Es ist die gleiche Technik wie bei Steinarbeiten, nur daß der Gips wesentlich weicher ist.

Arbeiten Sie nie eine Stelle des Blockes bereits exakt aus, während andere Flächen noch im Rohzustand sind. Die einzelnen Formen sollen sich im Zusammenhang aller Seitenflächen beim häufigen Drehen des Blockes herausbilden. Gerade bei der Kopfplastik sind so viele wichtige Ansichtspunkte vorhanden, die sich als plastische Momente zu einem Ganzen formen sollen.

Besonders Anfänger müssen beim Gesicht darauf achten, daß dies nicht zu flach und nur frontal gestaltet wird. Vorteilhaft ist es, nach dem groben Festlegen der Gesichtsteile vom Profil her weiterzuarbeiten. Die verschiedenen Winkel zwischen Stirn und

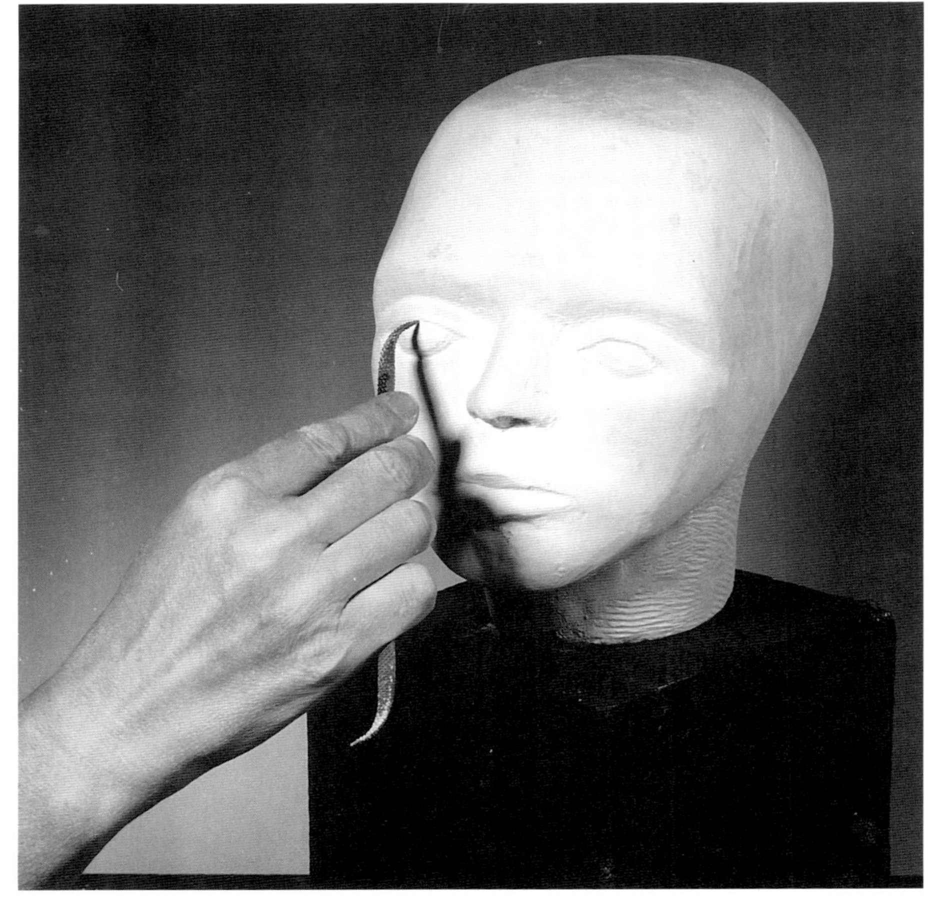

Mit dem groben Holzraspel werden die Formen gerundet und präziser gestaltet.

Mit einem Schnitz- oder einfachen Küchenmesser werden die Nasenlöcher, Nasenflügel usw. herausgeschnitzt.

Nase, ebenso die Stellung des Kinns zur oberen Gesichtspartie können so ziemlich frühzeitig festgelegt werden und erleichtern den weiteren Arbeitsablauf.

Eine besondere plastische Wirkung entsteht dann, wenn nur an bestimmten Stellen eines Gipsblockes organische Formen herausgeschnitzt werden und alles andere als Block unbehandelt stehen bleibt. Die Wirkung ist verblüffend, wenn sich aus einem Quader z. B. das Gesicht herausschält oder sich eine Hand herausstreckt. Es kommt zu einem Gegensatz von kantig-geometrisch und organisch-weichen Formen.

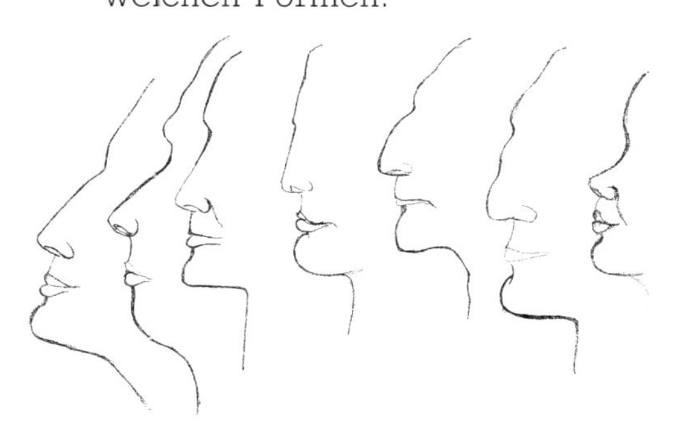

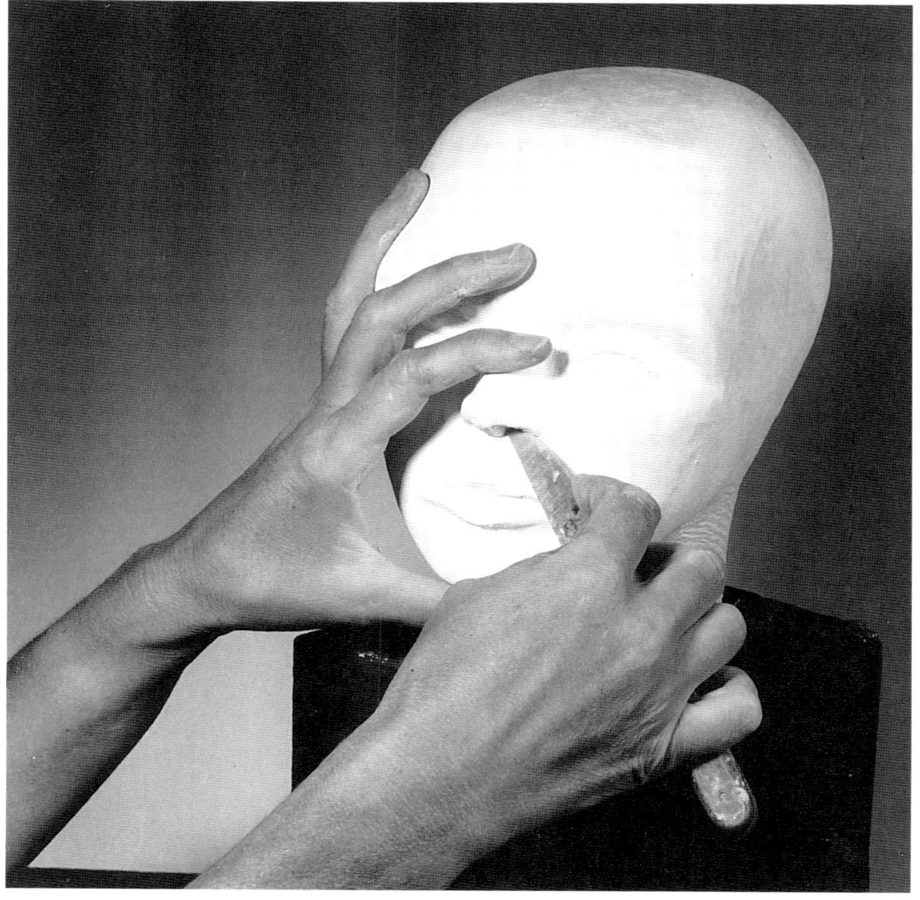

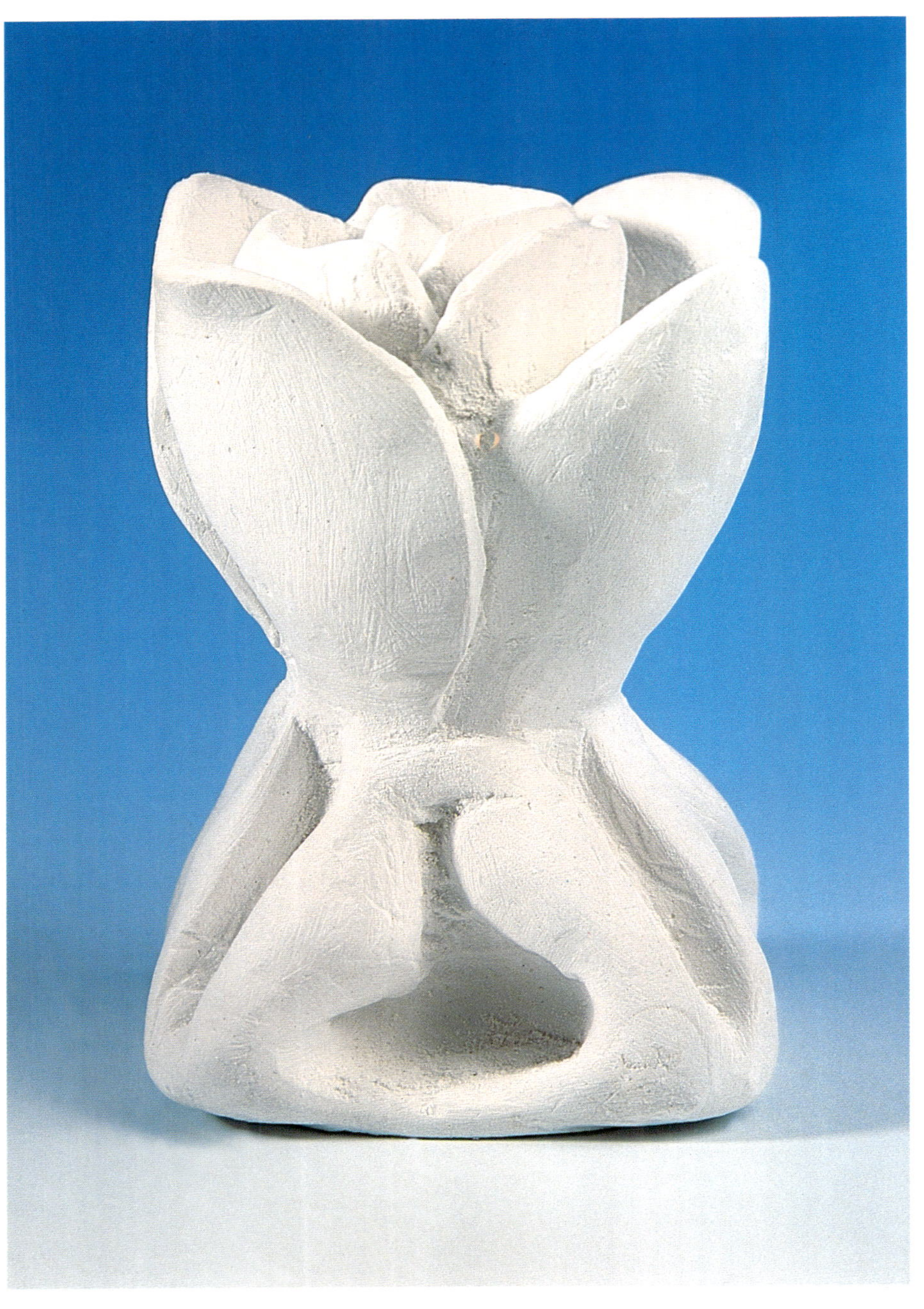

Themenstellung

Entsprechend den zwei verschiedenen Arbeitsphasen der hier beschriebenen Technik, nämlich dem Gießen und dem Zusammenfügen von kleineren Grundformen aus Gips und dem Skulptieren größerer Gipsblöcke, so sind auch unterschiedliche Themenbereiche zuordenbar.

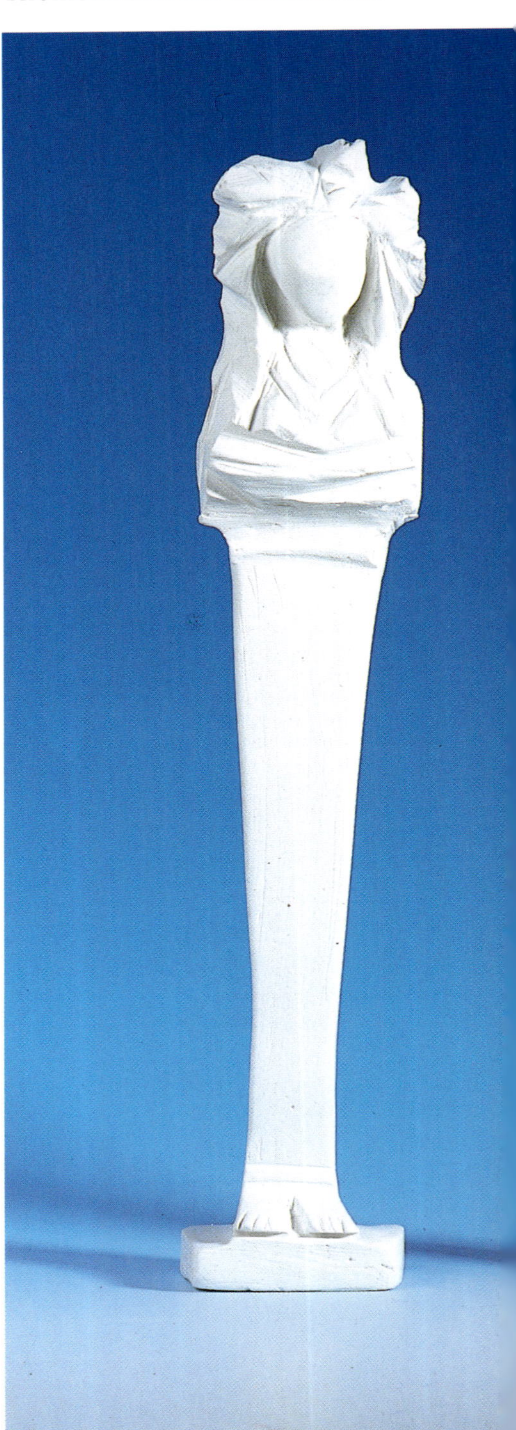

Rose (Höhe 14 cm)
Aus einem gegossenen Gipsquader wird diese Blüte mit (Schnitz-) Messern herausgearbeitet. Die Anzahl der Blätter und deren Anordnung werden auf die obere Quaderfläche und auf die Seiten gezeichnet.
Die Rosenblätter müssen eine gewisse Dicke haben. Sie dürfen nicht zu dünn und brüchig werden. Dünnere Blätter als bei diesem Modell sind kaum möglich.

Figuren-Variationen (30 cm)
Diese grazilen, phantasievollen Figuren werden aus schmalen säulenartigen Gipsquadern geschnitzt. Beim Gießen wird zur Stabilisierung ein langes Eisenstück in der Mitte eingelegt (bei dem Torso zwei Eisen als Beinstütze). Die kleinen Sockel werden als Teil des Quaders beim Schnitzvorgang mit eingeplant.
Die Durchbrüche in der Mitte der Frauenfigur und beim unteren Teil des Torso werden mit einer Bohrmaschine bei niedriger Geschwindigkeit gemacht.
Diese vier Figuren zeigen beispielhaft die Vielfalt der Gestaltungsmöglichkeiten beim Thema „Mensch – Stele".

Das Gießen ist ein spielerisch-konstruktives Gestalten mit den Grundelementen Kubus, Zylinder, Halbkugel usw. Die Themen liegen hauptsächlich im abstrakten Bereich. Die Komposition mit bestimmten Elementen und Schwerpunkten steht im Vordergrund.

Vorschläge

- Aufbrechen einer geschlossenen Form (mit kleinen Kuben zu gestalten)
- Spannung herstellen zwischen einer großen Halbkugel und kleinen Kuben oder Zylindern oder zwischen langen, schmalen Quadern und Würfeln usw.

Konkretere Themen

- Moderne Architektur eines Gebäudes (Phantasiehaus)
- Menschlicher Roboter
- Tor- oder Brückengestaltung

Als Anregung genügt ein Blick in die moderene Kunstgeschichte, zum Kubismus und Konstruktivismus (siehe dazu auch den Abschnitt „Gipsplastik über Tonmodell").

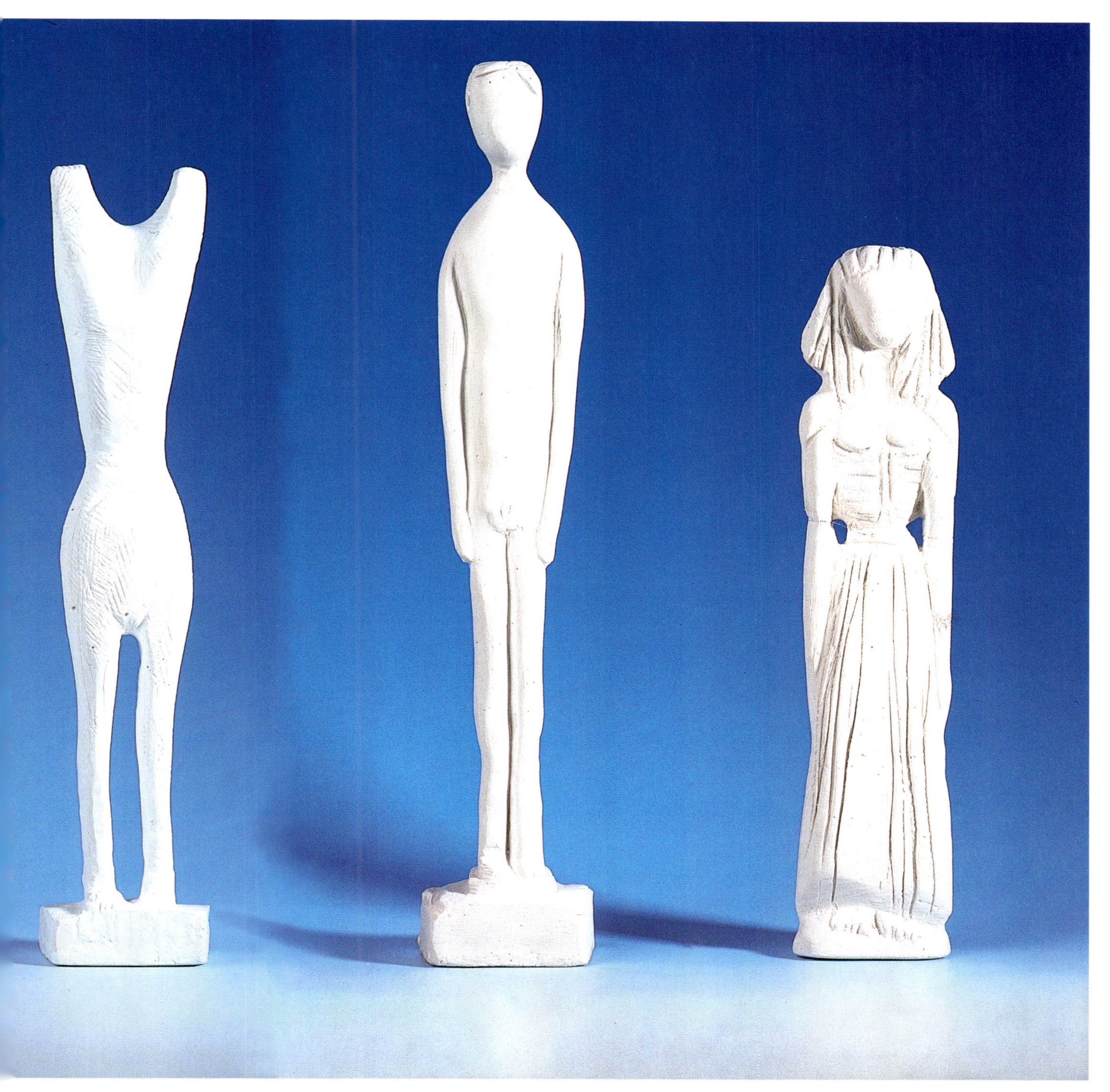

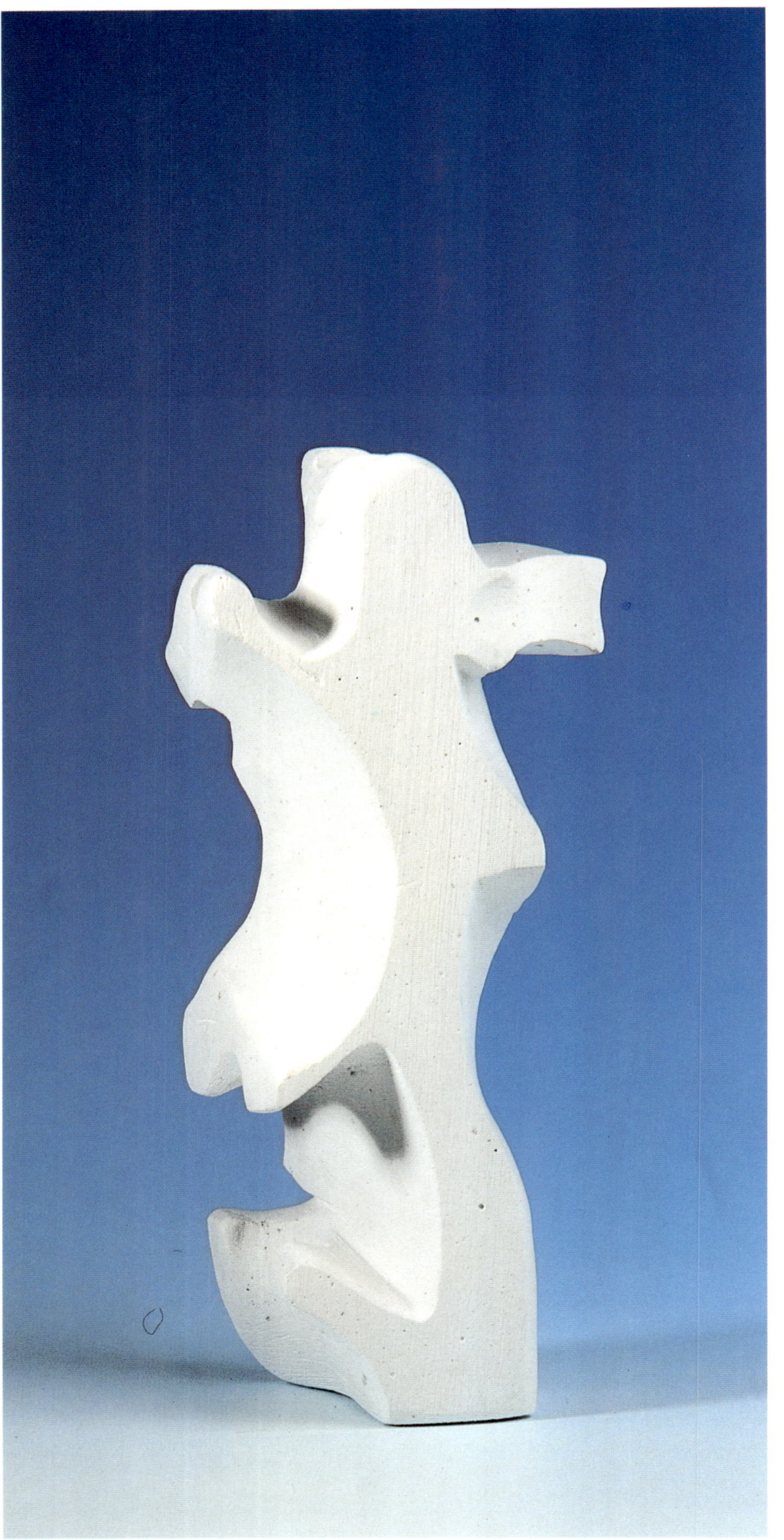

Phantasiegebilde (Höhe 26 cm)
Die Formen wurden spontan aus einem Gipsblock herausgesägt bzw. herausgeschnitzt.
Der Reiz solcher Arbeiten besteht darin, daß sich von vielen Seiten aus immer wieder interessante, neue Ansichten ergeben. Deshalb muß der Block während des Erarbeitens häufig gedreht werden, damit nicht vier reliefartige Seiten, sondern plastische Übergänge rund um den Block entstehen.

Beim Skulptieren von Gipsklötzen und -blöcken können die Themen sowohl gegenständlich als auch abstrakt behandelt werden, wenn es sich um massige, kompakte Darstellungen handelt.

Vorschläge

- Stilisierte Formen von Kopfplastiken, auch Helmköpfe
- Stehende, sitzende, liegende Figuren in der Art, wie sie im Abschnitt „Gipsplastik über Tonmodell" beschrieben werden
- Geschnitzte Schachfiguren aus gegossenen Klötzen
- Stelen- oder Säulenvariationen.

Anregung dafür kann man sich beim Betrachten von Steinmetzarbeiten und deren typischer Formgebung holen, oder man läßt sich von afrikanischer oder indianischer Eingeborenenkunst inspirieren, wo z. B. Totempfähle sehr ausdrucksvoll gestaltet sind.

Schachspiel (Höhe 5 bis 8 cm)
Es wird aus kleinen, im Format leicht variierenden Gips-Klötzchen geschnitzt bzw. herausgeschabt. Da die Figuren beim Spielen häufig angefaßt werden, sind sie mit Schellack grundiert und dann mit Ölfarbe gestrichen worden.

Ausbesserungsarbeiten

Das Material Gips läßt ein problemloses Ausbessern und Überarbeiten von schadhaften Stellen zu. Beim Ausbessern der Oberflächen werden die dafür vorgesehenen Stellen zuerst von eventuellen Fettschichten mit Terpentin gesäubert. Dann befeuchtet man das Objekt oder – noch besser – man legt es kurze Zeit ins Wasser bis keine Luftblasen mehr aufsteigen und der Gips genügend getränkt ist. Jetzt kann neuer Gips auf die beschädigten Stellen gestrichen und nachgeformt werden.

Sind Negativformen zerbrochen, so kann man sie auf der Rückseite mit in Gips getränkten Rupfenstücken (Sackleinen) oder Gipsbinden flicken. Die Gewebestücke werden quer über die Risse gegipst, nachdem diese vorher gut zusammengedrückt und befestigt wurden. Flickstücke müssen auf beiden Seiten mindestens 5 cm über den Riß hinausreichen und werden anschließend mit einer 2 bis 3 cm dicken Gipsschicht überstrichen. Sind Teile nur leicht angebrochen, so daß nur ganz dünne Risse sichtbar sind, wird nach dem Befeuchten der Stelle dünner, wässriger Gips eingestrichen.

Wenn kleinere Teile wie Finger oder Nasenspitze abgebrochen sind, werden die Bruchstellen mit dünnflüssigem Alleskleber wieder gekittet. Falls die Teile verloren gehen, wird auf die angefeuchtete Bruchstelle neue Gipsmasse aufgetragen und nachmodelliert. Nach dem Trocknen werden alle ausgebesserten Stellen mit dem Messer nachgeschnitzt und mit Schleifpapier geglättet.

Armierungen

Armierungen nennt man Verstärkungen durch Einlegen von Metallstäben, z. B. dünne Eisenstäbe oder dickerer Draht. Sie sind bei Gipsarbeiten für alle dünnen, bruchgefährdeten Teile, wie z. B. Arme und Beine erforderlich. Auch tragende Teile, die einer bestimmten Belastung, z. B. der eigenen Masse ausgesetzt sind, müssen auf diese Weise verstärkt werden.

Die Hand (Höhe 21 cm)
Hier wird die gleiche Technik wie bei der Gesichtsabnahme angewendet. Die Hand wird vorbereitet, indem die Zwischenräume zwischen den Fingern mit Tonmasse aufgefüllt werden, damit keine Unterschneidungen entstehen und die Hand wieder aus der angefertigten Gipsform zu entfernen ist. Hier wurde nur die Außenfläche der Hand abgegossen. Die Finger werden mit Armierungen versehen, um Bruchgefahr zu vermeiden. Die Innenfläche der Hand, die ja nicht abgenommen wurde, arbeitet man mit einem Messer grob nach.

Armierungen müssen so gebogen werden, daß man sie möglichst in der Mitte der Gußform in den weichen, doch bereits anziehenden Gipsbrei eindrücken kann. Bei schmalen, langen Formen, die zur Stabilisierung eine Art Rückgrat brauchen, wird die Armierung durch die Gußöffnung in die Gipsmasse eingeführt.

Damit die metallenen Armierungen nicht rosten und später auf der Gipsoberfläche braune Flecken bilden, müssen sie vor dem Einarbeiten mit Rostschutzmittel oder Schellack (zur Not auch mit einfachem Klarlack in zwei Schichten) vorbehandelt werden.

Sind abstehende Teile einer Figur abgebrochen, weil eine Armierung nicht eingefügt war, so kann diese nachträglich noch eingebaut werden.

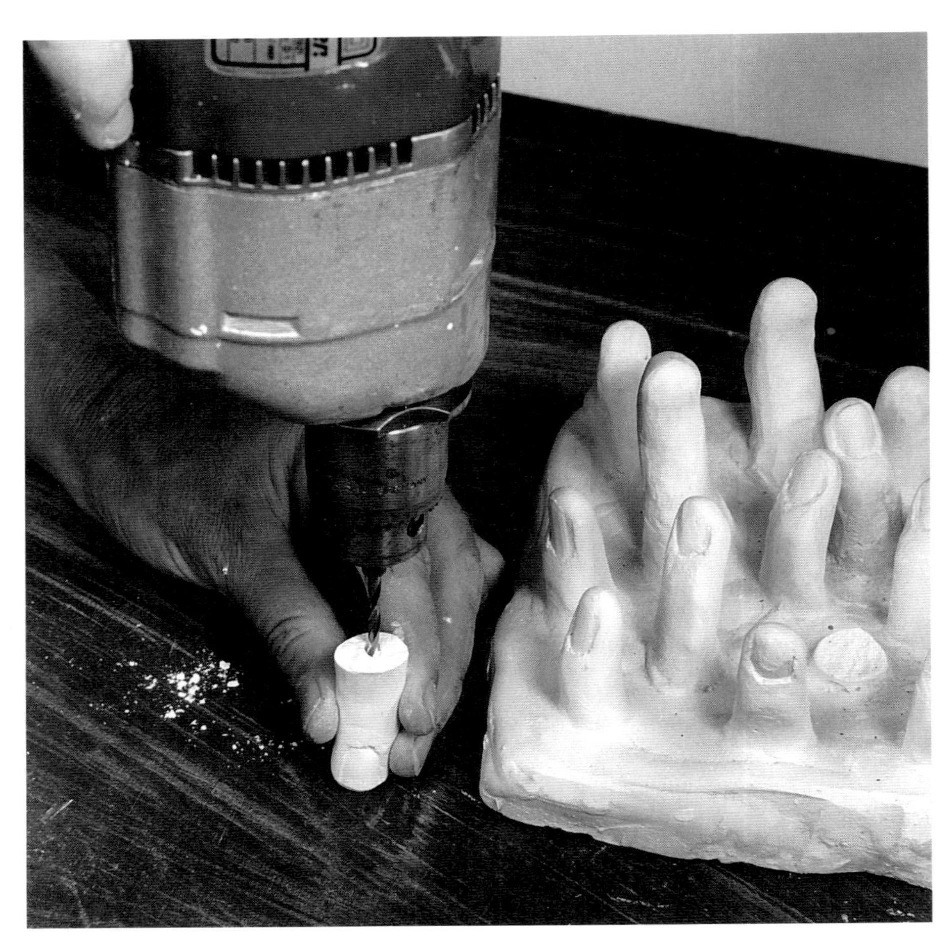

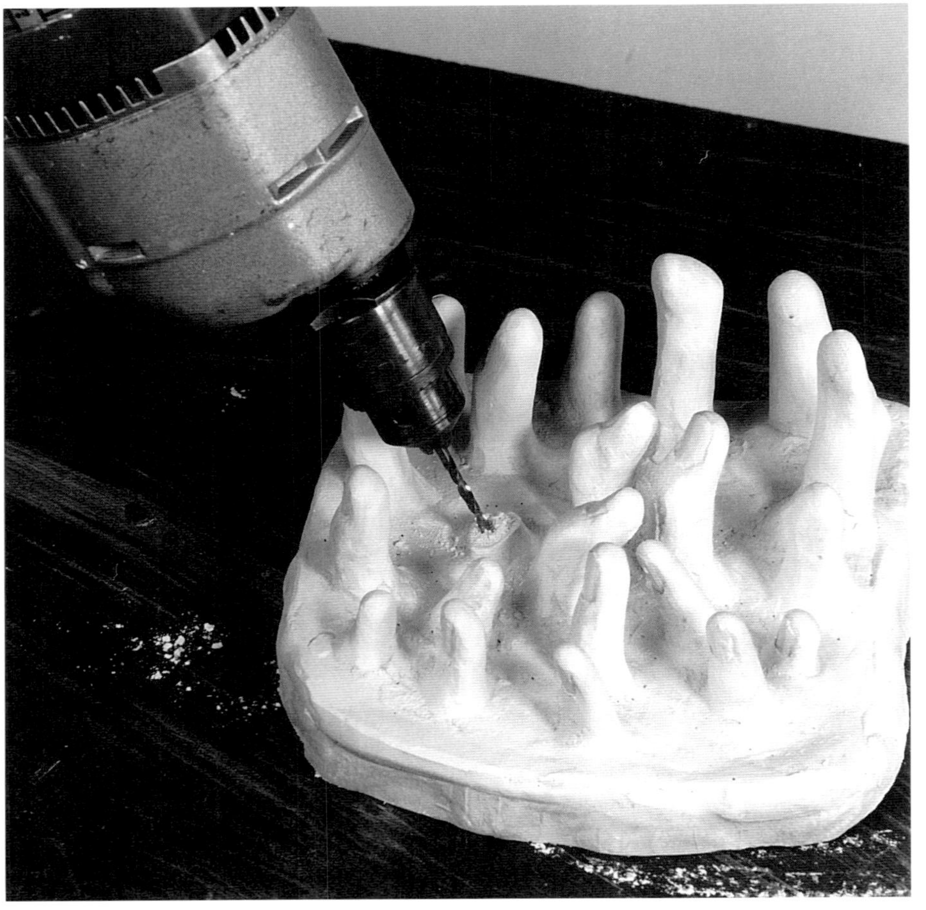

Bei einem gegossenen Fingerrelief war ein Finger abgebrochen, was bei so dünnen, herausragenden Teilen vorkommen kann, wenn keine Armierung eingearbeitet worden ist. Dies kann problemlos nachgeholt werden. Mit einer Bohrmaschine wird bei langsamer Umdrehung ein Loch gebohrt (0,3 cm Duchmesser, etwa 2 cm tief), einmal in das abgebrochene Teil (genau senkrecht) und einmal in das Ansatzstück (Schräglage des Bohrers beachten, da der Finger schräg aus der Fläche hervorschaut.)

Ein Stückchen Kupferschweißdraht (0,3 cm Durchmesser) wird als Verbindungsstück genommen und in die beiden Löcher gesteckt. Vorher werden die Bruchstellen mit dünnflüssigem Kleber eingestrichen und fest zusammengedrückt. Falls noch eine Nahtstelle zu sehen ist, wird mit ganz dünnem Gipsbrei darübergestrichen. Später wird diese Stelle nachgeschliffen.

Dabei werden in die Bruchstellen beider Teile Löcher gebohrt und die Armierung zuerst auf der einen Seite eingeklebt. Vor dem Zusammenfügen werden beide Bruchflächen vom Gipsstaub befreit und zusammen mit dem zweiten Bohrloch mit Kleber bestrichen und beide Teile fest zusammengedrückt. Wenn Druck- oder Zuglast auf das angeklebte Stück wirkt, muß dieses während des Klebevorgangs abgestützt werden.

Abschließende Gestaltung der Gipsoberfläche

Gipsoberflächen müssen nicht weiß oder glatt sein. Es gibt viele Arten der Oberflächenbehandlung, durch die besondere Wirkungen entstehen.

Oberflächenstruktur

Sie entsteht durch grobes Auftragen des Gipses und durch die Behandlung mit verschiedenen Werkzeugen. Mit Feilen und Schleifpapier wird die Oberfläche fein, mit verschiedenen Meißeln (Zahneisen, Spitzeisen usw.) wird sie stärker strukturiert.

Farbüberzüge

Alle Farbarten sind möglich und haften auf Gips. Entscheidend ist jedoch ein gewisses Gespür für die rechte Farbwahl. Allzuleicht wird die Wirkung einer ansonsten gelungenen Arbeit durch falsche Farbwahl gestört. Sie kann sogar kitschig erscheinen.
Mit kräftigen, ungebrochenen und glänzenden Farben sollte man vorsichtig sein.

Anders als bei der Keramik wird die Hauptaussage und Wirkung allein durch die Formgebung geprägt. Sie sollte nicht von einer allzu betonten Oberflächengestaltung überlagert werden. Ich empfehle deshalb hauptsächlich matte Farben, die wasserlöslich sind und nicht glänzen. Darunter fallen alle Arten von Dispersionsfarben (Wandfarbe, Hobbymalfarbe, Tempera- und Acrylfarben), die es in reicher Farbauswahl gibt. Wasserverdünnte Farben werden vom Gips aufgesogen, und es kommt zu einer leicht getönten, transparenten Farbwirkung. Gebrochene (gemischte) Farben in der Skala der Erdtöne, von Ocker, Braun, Rostrot über Grünbraun, Graugrün, Graubeige usw. wirken natürlich.

Schellacküberzüge

Verschiedene Schellackarten von Honiggelb bis Dunkelbraun können in einer oder mehreren Schichten aufgetragen werden. Da Schellack aber sehr speckig glänzt, empfehle ich, die getrocknete Oberfläche mit Stahlwolle, Stahlbürste oder einem Stück Maschengitter leicht zu bearbeiten. Es entsteht eine strukturierte und lebendig wirkende Oberfläche.

Mattglanz

Einen leichten, schönen Glanz erzielt man durch das Einreiben mit farblosem Wachs (Bodenwachs, Schuhcreme). Einen matteren Glanz ergibt eine Lösung aus weißer Seife und Wachs. Dazu werden beide Bestandteile zu gleichen Teilen in kochendem Wasser aufgelöst. Einen porzellanähnlichen Glanz erzeugt man, wenn man auf den noch feuchten Gipsguß mit einem weichen Pinsel feinen Talkumpuder aufträgt. Nach dem vollständigen Trocknen kann die Gipsoberfläche mit Talkum und einem Lederstück nachpoliert werden.

Einfärben des Gipses

Soll der Gips dunkel eingefärbt werden, ist es ratsam bereits beim Anmachen die Farbe einzumischen. Bereits vor dem Einstreuen des Gipses wird das Färbungsmittel in Form von schwarzer Tusche, Tinte oder Farbe in das Wasser eingebracht.

Eine graue, steinähnliche Wirkung entsteht, wenn man dunklem, bereits gehärtetem Gips mit einem Pinsel geschlemmtes Graphitpulver aufstäubt.

Metalleffekte

In einzelnen Fällen können Metalleffekte recht wirkungsvoll sein. Dabei wird auf die mit Schellack grundierte Gipsfläche im Handel erhältliches Metallicspray aufgesprüht oder Metallicfarbe aufgepinselt. Es gibt verschiedene Nuancen von Gold, Silber, Messing und Kupfer.

Natürlich kann die Oberfläche auch mit Blattgold oder Blattsilber veredelt werden. Das ist aber ziemlich teuer und die Technik des Auftragens ist nicht gerade einfach.

Patinieren

Durch das Patinieren mit dunkler Farbe oder speziellen Patiniermitteln kann die Dominanz einer metallicbeschichteten Oberfläche abgeschwächt werden. Sie wirkt dann gefälliger, natürlicher und nicht so künstlich. Das Patiniermittel wird mit einem Tuch aufgetragen und von den erhabenen Stellen der Plastik wieder abgewischt.

Katzenkopf (Höhe 15 cm)
Die Gipsoberfläche wird fein mit Schleifpapier geschliffen. Auf einen Schellacküberzug wird schwarze, verdünnte Dispersionsfarbe mit einem flachen Borstenpinsel dünn aufgetragen, so daß die Schellackschicht noch durchschimmert. Dadurch wird eine fellartige Wirkung erzeugt.

Register

Bezugsquellen

Gips ist in Baustoffhandlungen, Baumärkten, häufig auch in Farbengeschäften erhältlich. Modellgips gibt es bereits in kleineren Mengen, in Tüten von 2 kg bis 5 kg, Alabaster- und Stuckgips in Säcken zu 40 kg, gelegentlich auch weniger.

Gipsbinden kann man in unterschiedlichen Breiten in Apotheken kaufen.

Ton ist in Töpfereien, Keramik-Bedarfsgeschäften, häufig auch in Hobby- und Bastelläden zu erwerben.

Schellack gibt es in Farbenhandlungen (fertig angemacht) oder in Trockenform, zum Ansetzen mit Spiritus, in Drogerien.

Nach Sand fragen Sie in Baustoffhandlungen.

Modellierhölzer und Schlingen werden von Bastel- sowie Künstlerbedarfsgeschäften geführt.

Werkzeuge aller Art gibt es in speziellen Fachgeschäften, einfachere Werkzeuge auch in Baumärkten.

Eisen, Draht, Kupferschweißdraht wird in Eisenwarenhandlungen angeboten.

Nach einem Fäustel fragen Sie in einem Geschäft für Steinmetzbedarf oder in großen Baustoffmärkten.

Die Bildhauerin und Autorin Undine Werdin bei der Arbeit in ihrem Atelier

Undine Werdin

Geboren in Dinkelsbühl in Mittelfranken

Studium an den Kunstakademien Stuttgart (Malerei) und München (Bildhauerei bei Prof. Kirchner und Prof. Ladner), Staatsexamen

Arbeit in Akademiewerkstätten für Gips, Keramik, Kunststoff, Glas und Mosaik

Studienreisen ins Ausland, vor allem nach Griechenland

Freiberufliche Tätigkeit als Bildhauerin und Lehrtätigkeit an öffentlichen und privaten Schulen und Institutionen im Bereich Bildhauerei

Mitglied der Münchner Künstlergruppe „Ring 19"

Zahlreiche Ausstellungen im In- und Ausland. Private Aufträge, auch für Gartenplastik

Buchveröffentlichung: „Ikaros, Skulpturen und Texte aus der griechischen Mythologie" (Libera Verlag)

Lebt und arbeitet wieder in Dinkelsbühl

Fotonachweis

Soweit nicht anders angegeben, wurden sämtliche Fotos von Annette Hempfling im und in der nächsten Umgebung des Ateliers von Frau Werdin aufgenommen.

Von Frau Werdin stammen die Fotos auf den Seiten 45 unten, 70, 71 und 72.

Verlag und Autorin bedanken sich bei Herrn May, Crailsheim für die beiden Fotos auf Seite 38.

Die Autorin bedankt sich bei allen Kursteilnehmern aus Crailsheim, Dinkelsbühl, München und Nördlingen, die für dieses Buch ihre Arbeiten zur Verfügung stellten. Namentlich noch erfaßbar sind

Frau Deventer, München (Seite 61), Frau Hegendörfer, Nördlingen (die beiden mittleren Figuren Seite 92/93), Herr von Quelle, Dinkelsbühl (Seite 37), Herr Schneele, Nördlingen (Seite 94), Frau Schlicker, Dinkelsbühl (Seite 15, 51), die Damen Hüttner, Joas, Kränzlein, Rühl (Seite 63) sowie eine Schülergruppe des Albert-Schweitzer-Gymnasiums Crailsheim (Seite 37/37 und 38).

Die Autorin hat aus ihrem Fundus eine Reihe von Arbeiten als Demonstrationsobjekte zur Verfügung gestellt.
Sie sind abgebildet auf den Seiten: 9, 29, 34, 35, 44, 45 unten, 46, 47, 49, 50, 53 oben, 67, 69, 70, 71, 72, 73, 84, 88, 89, 95.